数字农业应用技术

王　帅　主　著
封文杰　副主著

中国农业科学技术出版社

图书在版编目(CIP)数据

数字农业应用技术 / 王帅等著. --北京：中国农业科学技术出版社，2024. 11. --ISBN 978-7-5116-7222-3

Ⅰ. S126

中国国家版本馆 CIP 数据核字第 202477420V 号

责任编辑 周伟平 白姗姗
责任校对 李向荣
责任印制 姜义伟 王思文

出 版 者 中国农业科学技术出版社
北京市中关村南大街 12 号 邮编：100081
电 话 (010) 82106638 (编辑室) (010) 82106624 (发行部)
(010) 82109709 (读者服务部)
网 址 https://castp.caas.cn
经 销 者 各地新华书店
印 刷 者 北京建宏印刷有限公司
开 本 185 mm×260 mm 1/16
印 张 9. 75
字 数 230 千字
版 次 2024 年 11 月第 1 版 2024 年 11 月第 1 次印刷
定 价 68. 00 元

前 言

随着全球人口规模的快速增长，全球范围内人口与资源之间的矛盾日渐加重，尤其在关系人类基本生存保障的农业方面，问题更加突出，如何利用有限的耕地和水资源养活更多的人口，是全世界必须解决的问题。目前农业增产主要依赖化学肥料和农药的大量投入，这种方式给环境带来了巨大的压力，造成土壤板结、水体污染、生态结构破坏等一系列问题，限制了农业的可持续发展能力。信息技术、物联网、人工智能等科技的迅猛发展，为农业提供了新的工具和方法，推动了数字农业形态的形成和发展，为解决上述问题提供了可行路径。

数字农业通过数据驱动决策的方式，推动传统生产方式向精准化、智能化方向转变。通过传感器、遥感等技术，数字农业可以使农民更好地把握种植养殖过程，制定更及时和准确的农事决策，一方面，可以通过精准的管理提高产量和质量；另一方面，可以减少种植业中水和化肥的施用、降低畜牧业对环境的影响。数字技术与农业机械结合，通过导航和自动驾驶等方式，提高了农机作业质量和作业效率，同时通过结合人工智能识别技术，产生了多种绿色作业方案，如火焰除草、激光除草等，在取得更好的作业效果的同时，减少了除草剂等化学农药的使用。

世界主要发达国家都在布局发展数字农业。美国在发布的《美国政府全球粮食安全战略 2022—2026》中提出“数字技术必须在美国政府粮食系统工作中发挥核心作用”。德国政府专门制定了“农业数字政策”未来计划，并于 2021 年发布《德国耕地战略 2035》，内容涵盖扩大移动网络覆盖面、建立新技术测试点、实现德国全境定位系统实时动态覆盖、农民可获取农业公共数据等方面。英国政府推出了光纤到户网络和农村千兆位全光纤宽带连接计划，推动 5G 技术在乡村地区的应用。我国连续多年的中央一号文件都对发展数字农业、数字乡村作出相关部署，并出台《数字乡村发展战略纲要》《数字农业农村发展规划（2019—2025 年）》等针对性政策文件，促进数字农业和数字乡村建设。

数字农业是一个技术高度密集的领域，涉及多种复杂的技术，如传感器、遥感、物联网、数据存储和分析、人工智能等。开发数字农业应用需要对相关技术具有比较清晰的理解，然后结合具体应用场景进行正确的技术选型和实现，才能达到最佳的实践效果。本书写作的目标是对数字农业领域相关的应用技术进行系统化总结，描述各项技术的基本原理，给出其优缺点，归纳主要应用场景，并分析相关案例，以期为数字农业从业人员提供一个良好的技术参考，促进数字农业技术在我国的应用和发展。

本书共分为7章。第1章为绪论，介绍了数字农业的基本概念、发展动因和发展历程。第2章为数字农业基础理论，从农业产量影响因素、数据驱动决策、数字化与农业产业提升3个方面论述了数字农业内在的理论基础。第3章为数字农业核心技术，从数据采集、数据传输、数据存储、数据分析、数据处理工具、数据服务、价值传递、生物信息学与基因组学8个方面系统性介绍了数字农业涉及的各种专业技术。第4章为数字农业应用场景，分数字化大田生产、数字化设施生产、数字化果园生产、数字化水产养殖、植物工厂、数字化农产品加工、农产品供应链与追溯系统、农业金融与保险、农业电子商务与智能市场、农文旅融合新业态等10个场景来描述数字农业技术的应用。第5章为数字农业案例分析，针对第4章提出的应用场景，给出国内的具体案例，通过案例分析为类似应用提供参考。第6章为数字农业面临的挑战，从成本收益、数据安全与隐私、技术采纳和基础设施建设方面论述了当前数字农业发展面临的主要问题。第7章简述了数字农业未来发展趋势，包括无人化农业和工厂化农业。

本书的出版得到了多方的支持和帮助，凝聚了多个领域众多同志的智慧和见解。感谢山东省农业科学院唐研、樊阳阳、齐康康、徐浩、宋华鲁、梁志超、王风云、杨珍等的指导和建议。

由于本书涉及的专业知识面广，加之需要对各种技术进行总结凝练，限于笔者的知识水平和实践经验，可能存在不妥和错误之处，诚恳希望同行和专家批评指正，以便今后完善和提高。

目　录

1 绪 论

1.1 数字农业概念

维基百科对数字农业的定义为：数字农业，也称为智慧农业或电子农业，是一种在农业中用于收集、存储、分析和共享电子数据或信息的工具。

百度百科对数字农业的定义为：数字农业是指将遥感、地理信息系统（GIS）、全球定位系统（GPS）、计算机技术、通信和网络技术、自动化技术等高新技术与地理学、农学、生态学、植物生理学、土壤学等基础学科有机地结合起来，实现在农业生产过程中对农作物、土壤从宏观到微观的实时监测，以实现对农作物生长、发育状况、病虫害、水肥状况及相应的环境进行定期信息获取，生成动态空间信息系统，对农业生产中的现象、过程进行模拟，达到合理利用农业资源，降低生产成本，改善生态环境，提高农作物产量和品质的目的。

概括来说，数字农业是一种利用数字技术和信息技术，通过数据收集、分析和应用，优化农业生产管理，实现精准农业、智慧农业，提升农业生产效率、经济效益和可持续发展能力的一种现代农业发展模式。

1.2 数字农业发展动因

1.2.1 人口和粮食问题

根据联合国粮食及农业组织（FAO）2009 年的预测，到 2050 年，全球人口将超过 90 亿人，同时由于全球城市化进程加快，届时全球约 70% 的人口将生活在城市中。为了养活这一更大、更城市化且更富裕的人口，食品生产必须增加 70%。

1.2.2 资源约束和环境压力

1.2.2.1 耕地资源约束

全球耕地总面积已接近上限，根据 FAO 数据，从 1961 年到 2020 年，全球耕地面积从约 189 亿亩（1 亩≈667m^2）增加到约 235 亿亩，增长了近 46 亿亩。从近 30 年的数据来看，1990—2000 年平均每年增加 10 870 万亩，2000—2010 年平均每年增加 8 854 万亩，2010—2020 年平均每年增加 5 458 万亩，增速逐渐下降。2015—2020 年，5 年间总共仅增加了约 3 290 万亩，年均增长约 658 万亩，全球耕地总面积逐渐趋于上限。

虽然全球耕地总面积不断增长，但是增速不及人口增速，人均耕地面积下滑严重，从 1961 年的人均 6.16 亩下滑到 2020 年的人均 3.03 亩，如何在有限的耕地面积下，养活更多的人口，是全球农业必须解决的关键问题。

根据国家统计局 2022 年统计年鉴数据，2019 年我国耕地总面积约为 1.28 亿 hm^2（约 19.2 亿亩），人均耕地面积约为 0.09hm^2/人，远低于世界平均水平，图 1-1 为我国与几个主要国家的人均耕地面积比较。为保证耕地总量，我国提出坚守 18 亿亩耕地红线，这是确保我国粮食安全的基础。

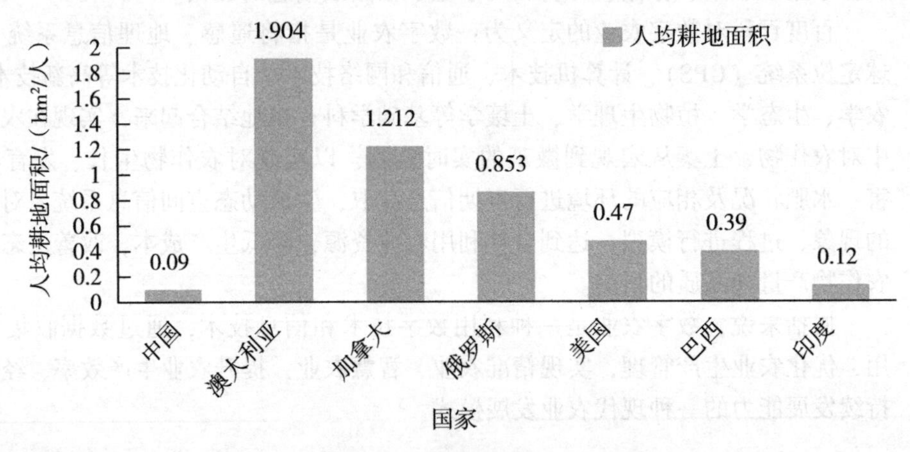

图 1-1 不同国家人均耕地面积

1.2.2.2 水资源约束

当前全球面临严重的水资源压力，根据国际水资源管理研究所 2022 年发布的《全球淡水储量变化报告》，1971—2020 年，全球陆地水体储水量累计减少了 27.079 万亿 m^3。世界资源研究所 2023 年发布的 *Aqueduct 4.0：Updated Decision-Relevant Global Water Risk Indicators* 显示，全球约 40 亿人（约 1/2 人口）每年至少有一个月处于高度缺水状态，预计到 2050 年受影响人口的比例将上升到近 60%，有 25 个国家每年面临极高的水资源压力。全球 60% 的灌溉农业正面临极度缺水的压力，特别是甘蔗、小麦、水稻和玉米。

我国水资源总量大，但由于人口规模大，人均水资源较低。根据国家统计局2023年统计年鉴数据，2022年我国水资源总量为2.7万亿 m^3，人均水资源量为1 918 m^3/人，远低于世界平均水平（约6 000 m^3/人）。我国水资源地区差异较大，南方地区（如长江流域）水资源丰富，而北方特别是华北地区（如北京、天津、河北）水资源相对匮乏，华北地区的人均水资源量常常低于1 000 m^3，部分地区甚至低于500m^3。农业用水占全部用水量的比例超过60%，是水资源消耗最多的产业。

1.2.2.3 环境压力

为了追求更高的产量，全球化学肥料和农药使用量巨大，带来了较大的生态环境压力，例如，农田土壤中残留的过量肥料会被细菌分解形成氧化亚氮，这是一种比二氧化碳强300倍的温室气体，有关研究指出，目前农业产生的温室气体排放量是20世纪60年代的18倍，约占全球变暖的30%。

根据FAO 2024年更新的数据，2022年，全球农用农药的施用总量为370万t（折活性成分），比2021年增加了4%，比10年前增加了13%，是1990年的两倍，平均施用量为2.38kg/hm^2，比2021年增加了3%。2022年全球农业中无机肥料的施用量估计为1.85亿t，比2021年下降了7%，2002—2022年，全球农业耕地每公顷的肥料施用量从90kg上升到113kg。

我国是化肥农药施用量较高的国家之一，根据国家统计局2023年统计年鉴数据，2022年我国化肥施用量为5 079.2万t，平均施用量每公顷398kg，远高于世界平均水平。根据FAO数据，2022年我国农药施用量为23.6万t，位于世界第5，单位面积平均施用量位于世界第9。

此外，我国还是塑料薄膜使用量最大的国家，根据国家统计局2016年发布的数据，2014年我国农用塑料薄膜使用量约为258万t，地膜使用量约为144万t，地膜覆盖面积约为2.72亿亩，大量的农膜残留形成了严重的“白色污染”，破坏了土壤结构。

1.2.3 劳动力短缺和老龄化

世界主要经济体都面临劳动人口减少、人口老龄化问题，典型的如美国、日本。根据美国农业部统计数据，2022年美国所有农业生产者的平均年龄为58.1岁，比2017年增加了0.6岁，年龄在35岁以下的生产者数量约为29.6万人，仅占所有生产者的9%。日本是典型的老龄化国家，农业从业人员老龄化严重，以2020年所有农业主体管理人员来说，共有约107.6万人，其中，60岁以上有84.4万人，占比78.4%，70岁以上有47.7万人，占比44.3%。

我国乡村地区人口总量仍然很大，根据第七次人口普查数据，我国现有乡村地区人口约5.1亿人，同时老龄化程度较高，其中，60岁以上人口约1.2亿人，占比23.5%。由于年轻人进城务工人数较多，造成农村地区劳动力结构性缺乏，劳动力成本逐年提高，未来谁来种地问题日渐突出。

1.2.4 消费者需求产生变化

随着经济发展，消费者对农产品的消费需求也产生了显著变化：一是更加注重产品的健康与营养，倾向于选择有机、无添加剂和自然种植的农产品；二是对于食品安全和质量追溯要求更高，对农产品的来源、生产方式和处理过程投入更多关注；三是多样化和个性化需求更多，产生了对异国产品、反季节产品、不同口感产品的差异化需求。

1.3 数字农业发展历程

数字农业的启蒙可以追溯到20世纪60年代，当时计算机开始引入农业，主要用于数据管理和研究目的，应用形式表现为大学和政府机构利用大型计算机管理农业数据。

20世纪80年代，得益于GPS和GIS的发展，精准农业概念开始形成。1983年美国总统里根宣布，一旦GPS建成将开放给公众使用，开始了GPS民用时代，农民开始使用GPS进行更准确的田间地图绘制和导航，提高了农场操作的效率。同时GIS技术使农民能够基于空间数据分析土壤类型、作物产量和天气模式，从而改善决策。

20世纪90年代，精准农业技术开始大规模应用，美国农民开始大量采用GPS、GIS和遥感技术优化作物田间管理，并开始关注变量投入技术（Variable Rate Technology，VRT），根据不同的田间条件进行变量施肥、施药、灌溉。

进入2000年后，传感器技术发展迅速，农民开始通过传感器、无人机和卫星图像收集大量数据，以更好地了解作物健康和土壤状况，数据驱动农业时代开始到来。专用于农场管理的软件开始出现，使农民能够整合多种数据源以做出更好的决策。

2010年之后，物联网设备得到大规模应用，使得种植养殖数据进入实时监测时代。伴随着云计算、大数据技术的逐渐成熟，农业数据分析也进入大数据时代，结合机器学习和人工智能，促进了农业建模、智能控制等领域的发展，催生了智慧农业这一农业新模式，智慧温室、智慧牧场、智慧水产等现代高效生产方式逐渐成熟，实现了劳动生产率的进一步提高。

我国数字农业起步较晚，2000年之前农业数字化处于萌芽期，随着2000年后信息基础设施建设的加快和互联网普及度的不断增加，数字农业开始快速发展。自2011年起，农业部结合国家物联网示范工程，在北京、黑龙江、江苏开展了农业物联网应用示范，在天津、上海、安徽组织了农业物联网区域试验，2013年之后，我国数字农业进入高速发展期。2020年，农业农村部印发《数字农业农村发展规划（2019—2025年）》，这是中国第1个专门针对数字农业农村发展的规划，提出到2025年建立天空地一体化观测网络、农业农村基础数据资源体系等目标，数字农业农村发展进入战略机遇期。

2 数字农业基础理论

2.1 农业产量影响因素

农作物产量影响因素主要包括 3 个方面：遗传因素（Genetic Factors）、环境因素（Environmental Factors）和管理因素（Management Practices）。产量模型通常可以表示为

$$Yield=f(g,\ e,\ p)+\varepsilon \tag{2-1}$$

式中，

g——表示遗传因素（基因型），如植物的品种、基因特征等，决定了作物的生长潜力和抗逆能力。

e——表示环境因素，包括土壤质量、气候条件（温度、降水量等）、光照等，环境条件直接影响作物的生长和发育。

p——表示管理因素，包含播种、施肥、灌溉、害虫和病害管理、收割等，这些农事操作都可以影响作物的最终产量。

ε——随机误差或未观测因素，如突发天气事件、病虫害的意外暴发或其他随机波动，导致产量的变化。

$f(g,\ e,\ p)$ 通常是一个非线性函数，因为不同因素之间的相互作用可能导致产量的增加或减少，这个过程并不是简单的线性关系，例如，过量施肥可能会导致作物生长受损，而不是增加产量。

基因型和管理之间存在相互作用关系，即使是高潜力的基因型，如果没有适当的管理措施，其产量潜力也无法完全发挥；反之，良好的管理措施也需要合适的基因型支持，才能实现最佳的产量提升。

在遗传因素方面，数字技术的引入促进了基因组学和表型组学的发展，形成了数字化育种技术，减少了传统育种方法所需的时间。该技术通过高通量测序技术获取作物的基因组信息，分析基因组中的变异，识别与性状相关的基因，并利用传感器、无人机和图像处理技术收集作物的生长参数、产量、抗病性等表型数据。

在环境因素方面，传感器技术的引入提高了对气候、土壤等环境因素的监测能力，

并可以通过数据分析预测气候变化对作物生长的影响，帮助农民选择适合的作物品种和栽培时间，以最大化产量。

在管理因素方面，数字技术可以整合各类农业数据（气候、土壤、作物生长等），为农民提供实时的决策支持，并通过农机装备的智能化提升，提高作业精准度和作业效率，降低杂草、害虫等胁迫因子的影响，实现产量增加。

2.2 数据驱动决策

传统农业管理模式下，农民依靠经验（直觉、历史先例等）来进行生产决策，存在着一定的盲目性和不确定性，造成资源利用效率低、作物产量下降及对害虫和疾病的抵御能力较弱等问题。随着科技进步，农业数据采集和处理能力得到提高，从土壤状况、气候条件，到作物生长状况、市场情况，数据积累逐渐增加，数据驱动决策正逐渐成为现代农业的关键因素。

数据驱动决策（Data-Driven Decision Making，DDDM）是一种决策制定的方法论，依赖于数据分析和解读来指导组织决策。在农业中，数据驱动的方法使得精准农业成为可能，通过传感器、无人机和卫星等数据采集技术，可实现对农业生产环节的各种因素的量化表达，进而通过数据分析制定科学合理的种植方案，可以提高作物产量、减少资源浪费并增强可持续性。

数据驱动决策在农作物种植方面发挥着重要作用。一方面，通过遥感技术和GIS，可以获取大范围农田的土壤肥力、酸碱度、墒情等信息，经过分析处理后，能够帮助农民选择最适合种植的农作物品种，以及在不同区域应该采用的种植密度和水肥施用量；另一方面，通过准确的气象数据可以帮助农民及时做好洪涝、干旱、冰雹等自然灾害的应对措施，减少损失。

数据驱动决策对农产品销售和市场预测也具有重要价值。通过收集市场价格、销量、消费者需求等数据，涉农主体可以更好地了解市场动态，有计划地安排种植、贮存和销售，达到经济利益的最大化。

2.3 数字化与农业产业提升

在数字技术驱动下，数字经济日益成为全球经济新的增长点，数字经济带来了各产业领域资源配置、管理方式、竞争规则等方面的变化，为产业转型升级带来了新的机遇。美国、以色列、日本等发达国家已经形成了具有各自特色的数字化农业产业体系，我国也通过数字乡村建设，不断推动数字技术向乡村拓展，通过数字化延长农业产业链和价值链，提升农业生产、经营、管理、服务等全链条各环节的数字化水平，实现乡村产业振兴目标。

数字化能够优化农业要素配置，实现资源集约绿色化利用。首先，通过数字技术与农业生产过程结合，能够提高农药、化肥等生产资料的使用科学性，实现减肥减药目标，在降低成本的同时，减少农业污染，促进农业绿色化发展；其次，通过耕地等资源的数字化，实现土地流转网络化，提高流转效率，促进了规模经营水平的提升；最后，通过农业服务的数字化，实现农机、管理等服务的网络化，能够提升作业调度能力和集约化经营能力。

数字化能够优化农业产业体系，实现产业融合发展。通过农业产业链各节点的数字化改造，增强了农产品生产、加工、消费各环节之间的协调能力，有利于引导农业从业者优化种植结构，实现供需匹配。农业全链条数字化也将促进一二三产业向着产品、技术、市场深度融合方向发展，促使农业从单一种养向种养、深加工、销售全链条延伸融合，催生乡村产业新业态，延长农业产业链条，提高农民在全产业链的收益。

3 数字农业核心技术

3.1 数据采集技术

数据采集技术目标是利用各种传感器、设备和技术手段，对农业生产过程中的各类数据和信息进行实时、准确地采集和监测，为农业决策和管理提供数据支持。

3.1.1 传感器

农业传感器是传感器的一个分支，是用于监测和收集农业环境和作物生长相关数据的设备，能够检测多种参数，包括土壤湿度、温度、光照、气象条件、作物健康状况等。按照用途可以将农业传感器划分为环境传感器（包括土壤传感器、气体传感器、水体传感器、气象传感器、病虫害传感器等）、动植物生命信息传感器、农机传感器、农产品质量安全传感器等。

3.1.1.1 土壤传感器

目前农业常用的土壤传感器有湿度传感器、温度传感器、pH 传感器、电导率传感器、养分传感器、微生物传感器、污染物传感器等。

（1）土壤湿度传感器。土壤湿度传感器主要用于测量土壤中的水分含量，根据测量原理不同细分为电阻式湿度传感器、电容式湿度传感器、张力式湿度传感器、时间域反射（TDR）湿度传感器、频率域反射（FDR）湿度传感器。

①电阻式湿度传感器。通过测量土壤的电阻来判断湿度，土壤中水分含量越高，电导率越高，电阻越低；相反，土壤中水分含量越低，电导率越低，电阻越高。这种传感器通常由两个电极组成，当电流通过土壤时，根据电阻的变化来计算湿度。其优点是结构简单、成本低廉。缺点是受土壤盐分和温度的影响较大，可能导致读数不准确。

②电容式湿度传感器。利用土壤的介电常数来测量湿度，电容式湿度传感器通常由两个电极（或多个电极）组成，这些电极被埋入土壤中，电极之间形成一个电容器，土壤作为电容器的介质。电容器的电容值取决于电极面积、电极间距离和介质的介电常数，如公式 3-1。

$$C=\frac{\varepsilon A}{d} \tag{3-1}$$

式中，C 为电容值，ε 为介电常数，A 为电极面积，d 为电极间距离。

土壤的水分含量会影响其介电常数，表现为水分含量越高，介电常数越大，反之越低，传感器通过测量电容值的变化来反映土壤湿度的变化。

电容式湿度传感器优点是有相对较高的精度，不受电导率的影响，使用寿命长。缺点是成本相对较高，安装时需要注意避免电极的腐蚀。

③张力式湿度传感器。通过测量土壤水分的张力来估算土壤湿度，这种传感器通常由一个陶瓷杯和一个压力传感器组成。陶瓷杯埋入土壤中，当土壤中的水分渗透到陶瓷杯中时，压力传感器测量陶瓷杯内的水势（负压）。由于土壤水分张力与土壤水分含量有直接关系，这个负压值可以用来推算土壤的湿度。其优点是能够准确反映植物可用水分，可以长期使用。缺点是安装和维护较为复杂，反应速度相对较慢。

④TDR 湿度传感器。工作原理是利用电磁波在不同介质（如空气、土壤和水）中的传播速度差异，通过电磁波反射时间来估算土壤的介电常数，从而推算出土壤的含水量。其结构主要包含探针、信号发生器、时基电路和数据记录器等。其主要优点是精确度高，响应时间较快。缺点是设备成本较高，校准复杂，安装要求高。

⑤FDR 湿度传感器。通过测量电磁波在土壤中的共振频率变化来确定土壤含水量。与 TDR 湿度传感器不同，FDR 湿度传感器依赖于频率变化，而不是脉冲传播时间，来推算土壤的介电常数，从而估算土壤水分含量。其结构主要包含探针、振荡电路（频率发生器）、频率检测和处理单元、数据处理与存储模块等。其主要优点是精度高，适应性强。主要缺点是校准复杂，安装要求严格，成本较高。

（2）土壤温度传感器。按照测量原理不同，土壤温度传感器可分为热电偶温度传感器、热敏电阻温度传感器、热电阻温度传感器、数字集成式温度传感器、红外温度传感器等类型。

①热电偶温度传感器。热电偶测温的基本原理是两种不同成分的材质导体组成闭合回路，其结构如图 3-1 所示，当两端存在温度梯度时，回路中就会有电流通过，此时两端之间就存在电动势—热电动势，这就是所谓的塞贝克效应（Seebeck effect）。两种不同成分的均质导体为热电极，温度较高的一端为工作端，温度较低的一端为自由端，自由端通常处于某个恒定的温度下。

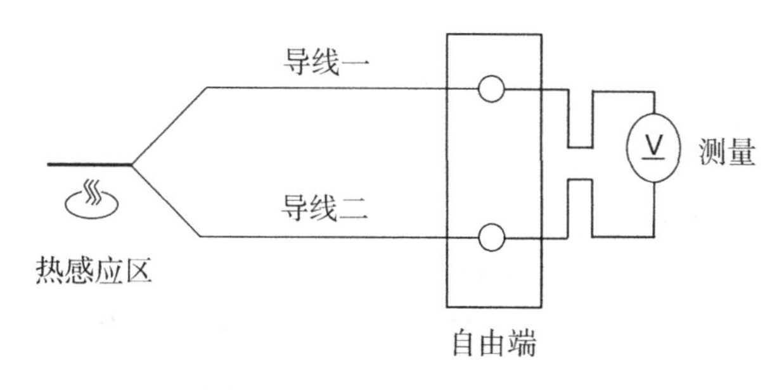

图 3-1　热电偶温度测量原理

②热敏电阻温度传感器。利用热敏电阻阻值随温度变化而变化的特性测量温度。热敏电阻通常由半导体材料制成，分为负温度系数（NTC）和正温度系统（PTC）两种。负温度系数指当温度升高时，其电阻值降低，正温度系统相反，温度升高时其电阻值增加，在土壤传感器中应用广泛的是负温度系数电阻。该类型传感器主要优点是灵敏度高，成本相对较低，适合精确测量。缺点是测量范围有限，易受环境变化影响。

③热电阻温度传感器。利用热电阻（Resistance Temperature Detector，RTD）电阻值随温度升高而线性增加的原理实现温度测量，热电阻通常由金属材料（如铂、镍等）制成，电阻与温度之间的线性关系可以表示为

$$R(T)=R_0(1+\alpha(T-T_0)) \tag{3-2}$$

式中，$R(T)$ 是温度 T 下的电阻，R_0 是参考温度 T_0 下的电阻，α 是材料的温度系数。

在土壤温度传感器中常用的是铂热电阻（如PT100、PT1000等），其优点是热电阻与温度之间的线性关系好，便于数据处理，测量精度非常高，稳定性和重复性好。缺点是相对于热敏电阻，响应速度较慢，测量信号易受电磁干扰。

④数字集成式温度传感器。采用数字温度传感器（如DS18B20）直接测量温度，其优点是易于使用，数字输出无须模拟转换，精度较高。缺点是对湿度和土壤的腐蚀性较敏感，需要适当的保护。

⑤红外温度传感器。通过使用红外热量传感器测量土壤表面辐射的红外线来计算温度。其优点是非接触测量，不会对土壤造成干扰。缺点是受环境条件（如阳光直射、风等）的影响较大，且只适合测量土壤表层或浅层温度。

（3）土壤pH传感器。土壤pH传感器用于测量土壤的酸碱度（pH值），这是评估土壤健康的重要指标。土壤pH传感器常见类型有玻璃电极传感器、复合电极传感器、固体传感器、光学传感器等。

①玻璃电极传感器。玻璃电极是最常用的土壤pH值测量工具，它由一个特制的玻璃膜构成，该膜对氢离子具有选择性。当电极浸入土壤或土壤水溶液中时，氢离子会渗透到玻璃膜内部，导致膜内外产生电位差，这个电位差与土壤的pH值成正比，电极产生的电位可以通过Nernst方程转换pH值，如公式3-3和公式3-4所示。

$$E=E^0+\frac{RT}{nF}\ln[H^+] \tag{3-3}$$

$$\mathrm{pH}=-\log[H^+] \tag{3-4}$$

式中，

E——电极的实际电位（电压），单位为V（伏特）。

E^0——标准电极电位，指的是在标准状态下的电位。

R——气体常数，值为8.314 J/（mol·K）。

T——温度，以K（开尔文）为单位。

n——转移的电子数或离子，在测量pH值时，通常为1，因为每个氢离子的转移对应一个电子。

F——法拉第常数，约为96 485 C/mol，代表每摩尔电子所带的电量。

$[H^+]$ ——氢离子浓度，单位为 mol/L。

玻璃电极 pH 传感器主要由两个电极构成；玻璃电极是主要测量部分，由特殊配方的玻璃制成，能够对氢离子敏感。参比电极是提供稳定的电位参考，通常是一个 Ag/AgCl 电极，参比电极需要储存在参比电解质溶液中。

玻璃电极 pH 传感器主要优势是测量精度高；玻璃电极性能稳定，能够长期使用；适应性强，可以适用于多种类型土壤。玻璃电极 pH 传感器主要缺点是玻璃电极相对较脆，容易破损；电极性能受温度变化影响大，需要注意温度补偿；玻璃电极需要定期校准和维护；参比电极需储存在饱和电解质盐溶液中，难以做到原位测量。

②复合电极传感器。复合电极传感器将玻璃电极和参比电极集成在一起，形成一个复合电极，与玻璃电极传感器相比，其优点是结构紧凑，易于使用，减少了校准和维护的复杂性。缺点是价格相对较高。

③固体传感器。基于固体电极材料（如氧化铟、氧化铝等）来测量 pH 值，通常不需要液体电解质。其优点是耐用性强，适合进行原位测量。缺点是灵敏度可能低于玻璃电极，反应时间较长。

④光学传感器。利用光学特性，如荧光或吸收光谱，来测量 pH 值，优点是非接触式测量。缺点是设备复杂，成本较高，用于土壤 pH 值测量时需要配制土壤悬浮液。

（4）土壤电导率传感器。土壤电导率传感器的原理是基于测量土壤中溶解盐类（如钠离子、钾离子、氯离子等）的导电能力来评估土壤的盐分和水分含量。为避免极化现象带来测量误差，电导率传感器通常采用低频交流电流。土壤电导率的测量可以帮助评估土壤的肥力、盐分和水分含量，进而用于农业管理和环境监测。

（5）土壤养分传感器。土壤养分传感器主要用于测量土壤中氮、磷、钾等营养元素的含量，根据工作原理不同，主要分为比色法、电化学法、光谱法、电导率法等类型。

①比色法。比色法的基本原理是通过化学反应生成有色物质，并根据其颜色强度来推断养分的浓度。具体来说，当土壤样本中某种养分（如氮、磷、钾等）与特定试剂反应后，会形成一种具有特定颜色的化合物，通过比色计或分光光度计在特定波长下测量其吸光度，进而计算出养分浓度。比色法优点是操作简便、快速且准确度较高。缺点是需要使用化学试剂并对样品进行适当处理。

②电化学法。电化学土壤养分传感器主要有电化学传感器和离子选择电极两种。电化学传感器测量时，传感器与土壤接触的部分会产生电化学反应，引起电流或电位变化，通过这种变化可以推断出土壤中的营养元素含量。离子选择电极通过建立氮、磷、钾对应的选择性电极，专门识别和响应目标离子，测量其浓度。电化学法优点是体积小、响应速度快。缺点是测量结果可能受其他离子干扰，影响准确性，电极寿命较短。

③光谱法。光谱法主要分为近红外光谱法和荧光光谱法两种。近红外光谱法利用近红外光谱技术，通过测量土壤样品对特定波长光的吸收和反射，推断出其中的氮、磷、钾含量。荧光光谱法利用特定物质在激发光照射下发射荧光的特性来测量氮、磷、钾含量。光谱法优势是精度高、无损、快速。缺点是设备成本较高，需要专业的技术人员操作。

④电导率法。电导率法是通过测量土壤电导率，然后乘相关系数来估算氮、磷、钾含量，这是目前市场上使用较多的一种传感器。这种类型传感器原理简单，测量迅速。缺点是存在很大的误差，数据不可靠。

(6) 土壤微生物传感器。微生物是土壤生态系统的重要组成部分，影响着土壤质量和健康状况，土壤微生物传感器用于监测土壤中微生物的种类和数量等特征，帮助了解土壤健康状况，以采取必要措施保持土壤生态平衡。土壤微生物测定常用的方法有光学法、电化学法、生物传感器等。

①光学法。利用光的吸收、反射、散射或荧光等特性来检测微生物活动或代谢产物的变化。优点是非接触式，高灵敏度，适合大规模筛查。缺点是成本较高、设备复杂，需要专业技术人员操作，部分方法需要标记物或染色。

②电化学法。通过检测微生物代谢过程中产生的电化学信号，如电位、导电率、pH 值、氧化还原电位等来评估微生物的活动。优点是灵敏度高，适用于实时监测。缺点是数据误差较大，对环境干扰敏感。

③生物传感器。利用微生物、酶或其他生物分子作为识别元件，能够检测微生物的代谢产物或土壤中微生物群体的生物活性。优点是能够特异性检测某些微生物群落或代谢产物，对环境中的微量物质反应灵敏。缺点是传感器的稳定性可能较差，生物元件容易受到环境因素影响，寿命有限。

(7) 土壤污染物传感器。土壤污染会严重影响土壤功能，主要污染物有重金属、农药等，土壤污染物传感器对监测土壤健康状况具有重要意义。

①土壤重金属传感器。土壤重金属传感器用于检测铅（Pb）、镉（Cd）、汞（Hg）、砷（As）、铬（Cr）、镍（Ni）、铜（Cu）等重金属离子，主要有电化学原理传感器和光学原理传感器等类型。

电化学原理传感器主要有阳极溶出伏安法（ASV）和离子选择性电极（ISE）两种。阳极溶出伏安法通过施加一定的电位，使待测金属离子部分地还原成金属并溶入微电极或析出于电极的表面，然后向电极施加反向电压，使微电极上的金属氧化而产生氧化电流，电流的强度与重金属浓度成比例。其优点是灵敏度高、检测限低，该方法被广泛用于检测铅、镉、汞等重金属。离子选择性电极是使用对特定金属离子敏感的电极来检测土壤中的重金属含量。

光学原理传感器主要有荧光光谱法、紫外—可见光光谱法。荧光光谱法原理是利用特定金属与荧光标记物反应产生荧光，荧光强度与金属离子浓度相关联，常用于检测铜、锌等重金属。紫外—可见光光谱法通过特定波长的光照射土壤样品，测量其吸收光谱来确定重金属浓度。

②农药传感器。农药传感器用于检测土壤中的农药残留，主要有光谱原理传感器、电化学原理传感器、生物传感器等。

光谱原理传感器利用光谱分析技术，通过测量样品吸收或反射的光谱特征来识别和定量农药成分。光谱传感器具有灵敏度高、检测速度快、精度高、可同时检测多种成分等优点，但价格较高。

电化学原理传感器一般是将待测土壤样品与电极之间形成一个电化学膜层，通过测量电化学膜层中的电流、电压变化，来检测土壤中农药的含量。电化学传感器具有灵敏度高、操作简单、价格适中等优点，但是需要前处理以去除干扰物质，同时还存在一定误差。

生物传感器利用高度特异性的酶、抗体、核酸等生物材料作为生物识别元件，与土壤样品中的靶分子发生反应，来检测农药成分。生物传感器具有精度高、专一性强、检测速度快等优点，但受到环境因素的影响较大，需要特殊制备和保存，同时存在成本高和检测范围受限等问题。

3.1.1.2 气体传感器

农业生产场景下需要检测的气体主要有4种：二氧化碳、氨气、乙烯、甲烷。

（1）二氧化碳传感器。二氧化碳传感器主要用于设施种植和养殖场景，能够帮助进行动植物生长环境调节，以及监测温室气体排放情况。目前市场上主流的二氧化碳传感器有红外吸收式和电化学式两种。

①红外吸收式二氧化碳传感器。利用二氧化碳分子对特定波长红外光的吸收特性，通过测量经过气体吸收后的光强度和已知的发射光强度，计算出二氧化碳的浓度。优点是灵敏度高，能够检测低浓度的二氧化碳。缺点是设备相对较为复杂和昂贵，需要定期校准以保持准确性。

②电化学式二氧化碳传感器。利用化学反应来检测二氧化碳的浓度，通过测量电极上发生化学反应时产生的电流来推算二氧化碳浓度。优点是设备相对简单，成本较低，适合便携式应用。缺点是对温度、湿度等环境因素敏感，寿命较短。

（2）氨气传感器。氨气传感器主要用于设施养殖场景，通过监测氨气浓度控制通风，有助于保障畜禽健康。目前氨气传感器主要有光学类、金属氧化物半导体、电化学、催化燃烧4种类型。

①光学类氨气传感器。利用氨气对特定波长光的吸收或散射特性，通过光学方法来测量氨气的浓度。优点是灵敏度高，能够进行高精度测量，不易受其他气体影响，抗干扰能力强。缺点是设备和维护成本较高，体积较大，对环境稳定性（温度、湿度）要求较高。

②金属氧化物半导体氨气传感器。利用金属氧化物半导体材料（如锡氧化物）作为传感材料，受到氨气刺激时，其电导率会发生变化，传感器通过监测电导率的变化来检测氨气浓度。优点是成本低，体积小，响应速度快，适合实时监测。缺点是对环境湿度和温度变化敏感，可能导致测量不准确，易受其他气体干扰，长期使用时稳定性可能下降。

③电化学氨气传感器。基于电化学原理设计，传感器内部含有电解液和电极，当氨气通过传感器时，会与电解液发生反应产生电流，根据电流的大小可以检测出氨气的浓度。优点是灵敏度好，能够检测到低浓度的氨气，受到其他气体干扰的影响较小，反应速度快，适合实时监测。缺点是对温度和湿度敏感，需要定期校准，制造成本较高，寿命较短。

④催化燃烧氨气传感器。内部含有催化剂，当氨气进入传感器时，催化剂会促进氨气的燃烧反应，产生的热量或电流信号与氨气浓度成正比，用来推算氨气浓度。优点是

灵敏度好，能够检测到低浓度的氨气，反应迅速，适合实时监测。缺点是易受到其他可燃气体的干扰，反应需要氧气，维护要求高。

(3) 乙烯传感器。乙烯反映了果蔬的成熟度、新鲜度和香气特征，乙烯检测有助于优化果蔬的采摘和储运，调控作物生长及进行病虫害防治。乙烯传感器主要类型包括光学类、金属氧化物半导体、电化学、催化燃烧和纳米材料5种，前4种传感器原理和优缺点与氨气传感器相似。

纳米材料乙烯传感器利用纳米材料（如碳纳米管、石墨烯等）对乙烯的敏感性，通过电导率的变化来检测乙烯浓度。优点是超高灵敏度，能够检测极低浓度的乙烯，反应时间极短，可以通过改进材料来提高选择性和灵敏度。缺点是技术成熟度较低，生产成本较高，稳定性还需要进一步提高。

(4) 甲烷传感器。甲烷是一种强温室气体，在农业领域，主要来自牲畜消化过程、稻田水稻种植和沼气发酵等。甲烷传感器类型和优缺点跟氨气相似，可参照氨气传感器相关描述。

3.1.1.3　水体传感器

水体传感器在农业灌溉、水产养殖、农业面源污染物监测等方面都有良好应用前景，目前水体传感器按照监测目标不同可以分为水位传感器、水质传感器、温度传感器、流量传感器和压力传感器等。下面着重介绍前两种。

(1) 水位传感器。水位传感器主要包括如下类型：

①浮球式水位传感器。浮球式水位传感器是一种常用的水位测量设备，通常由浮球、杠杆和电气系统构成，通过浮球的上下运动将液面位置信息转化成电信号。其优点是结构简单，成本较低，安装维护方便，对液体密度变化不敏感。缺点是可能受液体波动影响，导致测量不稳定，机械磨损可能导致故障。

②电容式水位传感器。电容式水位传感器利用电容器之间的介质变化来检测水位，随着水位的上升，电容器的介电常数发生变化，从而导致电容值的变化。其优点是响应速度快，精度高，不受液体密度变化影响。缺点是价格相对较高，对于高导电性液体可能失去准确性，对于表面污垢或沉积物的影响敏感。

③超声波式水位传感器。超声波式水位传感器通过超声波从发射到接收产生的时间差，结合声速计算水位。其优点是测量是非接触式，避免了液体对传感器的腐蚀。缺点是受环境因素（如气温、湿度）影响较大，对气泡、蒸汽等干扰物敏感，需要定期校准，维护成本较高。

④压力式水位传感器。压力式水位传感器基于静水压力原理，即液体的压力与其深度成正比，通过测量水底的压力，从而推算出水位的高度，常见的压力传感器包括陶瓷压力传感器和膜盒压力传感器等。其优点是能够提供较高的测量精度，对水位变化的响应速度快。缺点是易受温度、密度变化影响，需要定期清洗，防止污垢影响测量。

⑤光学式水位传感器。光学式水位传感器基于光的反射、折射或阻断等特性实现水位测量。其主要优点是非接触式，减少了腐蚀和污染的风险，精度高，响应速度快。缺点是受环境光线影响较大，对液体表面波动敏感，影响测量稳定性。

⑥电阻式水位传感器。电阻式水位传感器通常由两个或多个电极组成，这些电极浸入液体中。当液体水位上升或下降时，液体的高度会改变电极间的电阻值。通过测量电阻的变化，可以推算出水位的高度。其优点是结构简单，成本低，易于使用，能够实时监测水位变化。缺点是受液体导电性影响，长时间使用时电极可能会受到腐蚀或污染，影响测量精度，需要定期清洗和维护。

⑦磁性浮子式水位传感器。磁性浮子式水位传感器利用磁性浮子的位置变化来检测水位，通常由一个浮子和一个固定的传感器组件组成，浮子内置有磁铁，当浮子上升或下降时，传感器检测到磁场的变化，进而判断水位的高低。其优点是结构简单，具有较高的可靠性，可以长期使用。缺点是易受气泡、液体波动等影响，对于极小的水位变化响应不灵敏。

（2）水质传感器。水质传感器主要用于检测水体的 pH 值、溶解氧、温度、电导率、浊度、氨氮、重金属离子等。其中大部分参数的检测手段与土壤传感器相同，不再赘述，只对溶解氧和浊度两种水质检测特有传感器进行进一步分析。

①溶解氧传感器。溶解氧传感器是测量水中溶解氧浓度的重要设备，广泛应用于水质监测、污水处理和水产养殖等领域。根据测量方法不同，溶解氧传感器主要分为极谱法、氧分压法、光学法等。

极谱法是利用氧气在电极（通常采用 Clark 电极）表面的氧化还原反应来测量氧气浓度的方法。传感器主要由阴极、阳极和电解液组成，并覆盖一层透气但不透液的膜。当氧气通过膜扩散到阴极表面时，发生还原反应，生成电流，通过测量这个电流，可以计算出溶解氧的浓度。极谱法具有响应速度快、测量精度高的优点。缺点是需要定期校准和维护，更换渗透膜和电解液，测量结果易受流速、温度、压力等因素影响。

氧分压法溶解氧传感器是一种基于气体分压原理测量水中溶解氧的设备。传感器由一层半透膜（通常是聚合物材料）覆盖，水中的溶解氧可通过膜扩散到传感器内部的气室中，将气室内的氧分压用电化学传感器或其他测量装置转换为电信号，即可计算出水中溶解氧的浓度值。氧分压法优点是稳定性高、响应时间快。缺点是需要定期检查和更换膜，成本较高，易受温度和压力影响。

光学法通过光学探头测量溶解氧的浓度，通常是基于荧光或吸收原理。这类传感器优点是稳定度高，不需要电解质，响应速度快。缺点是成本较高，对探头的清洁和保养有一定要求。

②浊度传感器。浊度传感器是一种常用于水质检测的仪器，基于光学原理测量水质中的悬浮颗粒物浓度，判断水质清洁程度，分为散射原理和吸收原理两类。

散射原理浊度传感器的原理是发射一束光线到水样中，水中悬浮的颗粒物（如泥沙、藻类和其他污染物）会导致光线发生散射，根据颗粒物的大小、形状和浓度，散射光的强度和角度会有所不同。传感器接收到散射光后，将其转换为电信号，经过处理后计算出浊度值。散射原理传感器的准确性受颗粒大小、形状、浓度和光源波长等因素影响，在实际使用中需要根据具体情况进行校准和调整。

吸收原理浊度传感器原理是发射一束特定波长的光线到水样中，光线穿过水样时，水中的悬浮颗粒会吸收部分光能，颗粒物的种类、浓度和大小会影响光的吸收程度，吸收量与悬浮物的浓度成正比。通过测量通过水样后的光强度，比较入射光强度和经过水样后的光强度，可以计算出光的吸收程度，将光强度变化转换为电信号，通过算法处理计算出浊度值。吸收原理传感器准确性受光源波长、样品透明度、溶解物浓度和介质色散等因素影响，实际使用中需要进行相应的校准和修正。

3.1.1.4 气象传感器

近年来，微型气象站等气象传感器在农业中得到了广泛应用，能够实时收集和记录环境气象数据，为农业生产者提供实时的气象数据。微型气象站测量的主要参数有空气温度和湿度、风速和风向、降水量、光照、辐射、紫外辐射等，部分微型气象站还集成了土壤传感器。根据集成的测量参数数量，微型气象站可以分为五要素一体、九要素一体等不同类别，可根据实际需要选择测量的参数。

3.1.1.5 病虫害传感器

农业病虫害传感器常用的有虫情测报灯、孢子捕捉仪等。

(1) 虫情测报灯。虫情测报灯主要利用害虫的趋光性特点，通过使用特定波长的光源（如紫外线灯或高强度白光）吸引夜间活动的害虫，如飞蛾、蚊子等。灯具下方一般配有粘虫板或捕虫网，用于害虫捕捉。智能虫情测报灯配有高清摄像头和无线通信模块，可以实时将虫板图片上传到云端，并对农林常见虫害做自动识别计数。

(2) 孢子捕捉仪。孢子捕捉仪是一种用于监测和捕捉空气中微小孢子（如真菌孢子、植物花粉等）的设备。孢子捕捉仪依靠内置的风扇或泵产生的气流将空气中的孢子吸入仪器内，气流经过捕集介质时（如黏附性表面、过滤器或培养基）被捕捉下来。智能孢子捕捉仪还配备有电子显微镜和无线通信模块，能够实时采集图片并上传云端。在农业生产中，孢子捕捉仪能够检测锈病、腐病、霉病、白粉病、叶斑病等多种病害孢子。

3.1.1.6 动植物生命信息传感器

(1) 动物生命信息传感器。动物生命信息传感器是一种用于监测和管理动物健康与行为的传感器设备，常用来监测动物的生长状态、运动状态、生理生化等参数，可以帮助改善动物福利和预防疾病，提高养殖效率。常见的动物生命信息传感器有耳标、脚环、项圈、智能摄像头等多种形式。

动物生长状态参数主要包括体型、体重、叫声、采食量等。运动状态参数主要包括步数、运动距离等，通常依靠加速度计和定位系统来实现。生理生化参数主要包括体温、呼吸频率、血压、激素水平和血糖等。

(2) 植物生命信息传感器。植物生命信息传感器是一类用于监测植物营养信息（营养物质、水分含量等）、生理信息（电信号、挥发性有机化合物等）、生态信息以及生长环境的设备，主要分为非接触式和接触式两种。非接触式利用光学成像和遥感，实现对作物的叶片、水果、根茎等的监测。接触式是可穿戴传感器，通过机械夹持方式将传感器固定在作物上，直接监测作物的生长及其微环境，如果实、茎秆生长传感器，通过夹持在果实或茎秆两侧的高精度位移传感器，实现对果实大小和茎秆粗细的实时监测。

3.1.1.7 农机传感器

农机传感器是安装在农业机械装备上的传感器，用于导航、避障、作业数据收集等方面。农机传感器一般不独立使用，而是嵌入到农机装备中。

（1）导航传感器。农机导航传感器主要包括定位系统和惯性导航单元，定位系统已经广泛采用载波相位差分技术，能够达到厘米级的定位精度。惯性导航单元包括加速度计和陀螺仪，用于获取速度、位移和姿态信息。无人驾驶农机通常采用定位系统和惯性导航进行融合导航。

（2）避障传感器。常用避障传感器有毫米波雷达、激光雷达、视觉避障、超声波雷达等（表 3-1）。

①毫米波雷达。毫米波雷达使用电磁波检测物体的位置和速度，优点是天气适应性好，在雨、雾、雪等恶劣天气条件下仍能有效工作，探测范围广（几百米），抗干扰能力强，缺点是分辨率较低。

②激光雷达。激光雷达使用激光束发射和接收测量物体的距离，能够生成高精度的三维环境图。优点是精度高、反馈速度快、空间信息丰富。缺点是成本高、易受天气影响、体积和重量大。

③视觉避障。视觉避障常采用双目视觉系统，通过一对摄像头模拟人类双眼的方式，通过视差计算来获取深度信息。优点是便宜，易于集成，能够捕捉颜色、纹理和形状等丰富的环境信息。缺点是需要一定的光照条件、计算复杂、深度信息不稳定。

④超声波雷达。超声波雷达使用超声波反射来确定距离，主要用于近距离探测。优点是成本低、抗干扰能力强。缺点是测距精度低、探测范围有限（几米到十几米）、缺乏物体类型和形状等环境信息。

表 3-1 主流避障传感器特性对比

特性	类型			
	毫米波雷达	激光雷达	视觉避障	超声波雷达
测距精度	中	高	中	中
探测范围	远（几百米）	远（几十米至几百米）	中（通常在几十米以内）	近（几米至十几米）
环境建模能力	较差	优秀	较好	较差
成本	中	高	中	低
抗干扰能力	强	中	弱（光照影响）	强
使用场景	高速行驶、恶劣天气	高速行驶、复杂环境	复杂场景、交通识别	停车、低速行驶

（3）作业传感器。现代智能农机作业装备会带有不同类型的作业传感器，如执行收割任务的农机可能带有测产、谷物水分检测等传感器，执行播撒任务的农机可能带有种子计数、流量监测等传感器。作业传感器提高了农机的智能化作业水平。

3.1.1.8 农产品质量安全传感器

随着农产品分拣装备的发展和社会公众对食品安全的关注，农产品质量安全传感器得到了广泛应用。农产品质量安全传感器涉及门类众多，有光学类型传感器、机械类型传感器、电子类型传感器、生物类型传感器等。光学类型传感器常用的包括可见光和光谱两类，可见光常用于外观和颜色检测，光谱传感器常用于水分、糖分等成分检测。机械类型传感器主要用于测量重量等参数。电子类型传感器通过测量农产品电阻或电导的变化，可分析内部水分或糖分含量。生物类型传感器利用生物分子（如抗体或酶）检测农产品中的特定成分，如农药残留或病害。

3.1.2 卫星遥感

3.1.2.1 概念和特点

卫星遥感是指利用卫星搭载传感器，从空间对地球表面进行观测和数据收集的技术。1957 年，苏联成功发射了世界上第 1 颗人造卫星“斯普特尼克 1 号”，标志着人类进入了空间时代。1960 年，美国发射了第 1 颗气象卫星“TIROS-1”（电视红外观测卫星），开始了系统化的气象观测。1972 年，美国发射了“陆地卫星 1 号”（Landsat1），这是第 1 颗专门用于地球资源监测的卫星，Landsat 计划的启动标志着现代卫星遥感技术的起步。到今天，卫星遥感已经发展出多个星座，覆盖多种传感器类型和分辨率，应用于城市规划、灾害应急、农业监测、海洋观测等不同场景。

（1）卫星遥感的关键参数。

①空间分辨率。空间分辨率是指遥感影像上能够识别的两个相邻地物的最小距离，通常以米为单位，如空间分辨率 0.5m 表示图像中每个像素代表的大小是 0.5m×0.5m 的地面区域。空间分辨率数值越小，影像细节越多，越清晰。

②传感器类型。表示卫星携带的传感器类型，如多光谱、合成孔径雷达等。

③光谱分辨率。表示卫星携带的传感器可以探测的波段数量和宽度，光谱分辨率越高，能够获取的光谱信息越详细和精细。如我国高分一号有 4 个波段，分别是蓝色波段（E1：0.45～0.52μm）、绿色波段（E2：0.52～0.59μm）、红色波段（E3：0.63～0.69μm）、近红外波段（E4：0.77～0.89μm）。

④重访周期。重访周期（Revisit Period）是同一颗卫星再次拍摄同一地面区域所需的时间间隔。重访周期越短，卫星会以更高的时间分辨率对地面覆盖区采样。注意重访周期不是重复周期，重复周期是卫星绕轨道运行一周的时间，重访周期一般比重复周期短。

⑤幅宽。指卫星传感器在一次过境中能够覆盖地球表面的横向宽度，幅宽决定了卫星每次成像时能够捕捉的地面区域的大小。一般更宽的幅宽通常伴随着更低的空间分辨率。

⑥轨道类型。遥感卫星的轨道类型对于其观测能力和数据收集效率有着重要影响，目前遥感卫星最常见的轨道类型有两种：太阳同步轨道和地球同步轨道。

太阳同步轨道卫星的轨道平面和太阳照射地球光线的夹角始终保持不变，遥感卫星在地球同一纬度星下点成像时，太阳光的入射角，即太阳光照条件基本不随时间变化，减少了光照角度变化带来的影响。

地球同步轨道卫星轨道高度约为 35 786 km，轨道周期和地球自转周期相同，卫星运行方向和地球自转方向一致，卫星相对于地球呈静止状态。由于距离太远，地球同步轨道卫星遥感数据分辨率较低，一般为数百米或上千米量级。

（2）卫星遥感的主要优点。

①广域覆盖。卫星遥感视点高、视域广，可以高效地覆盖广阔的地理区域，能够帮助更全面地了解地球表面的状况，这对于监测大面积的自然灾害（如飓风、洪水、森林火灾等）及全球气候变化等非常重要。

②重复覆盖。卫星可以按照预定的轨道重复观测同一地区，提供连续的时间序列数据。这种周期性观测对于环境监测、农业生产和城市规划等领域具有重要意义。

③数据成本相对较低。相对于传统航空遥感或无人机低空遥感，卫星影像单位面积成本较低，特别适用于大面积的监测和调查。

（3）卫星遥感的主要缺点。

①大气和大气干扰。光学遥感卫星在多云或阴天条件下无法进行有效观测，因为云层会完全遮挡传感器的视线。大气中的气溶胶、烟雾、水汽等会散射、吸收或折射电磁辐射，从而影响卫星传感器接收的信号。

②时间分辨率限制。大多数卫星的重访周期在数天到十几天，在两个观测周期之间发生的变化可能无法及时捕捉，对于需要高频率监测的应用（如灾害应急响应、动态环境监测等）存在不足。

③空间分辨率限制。与航空遥感和无人机低空遥感相比，卫星遥感数据空间分辨率仍然相对较低，可能会影响分析的准确性。

④发射和运行成本高。卫星的制造、发射成本非常高，特别是对于高分辨率和多功能的卫星，这使得卫星遥感的初始投资巨大，而且卫星的长期运行也需要持续的资金投入。

3.1.2.2 农业常用卫星

（1）Landsat 系列。Landsat 系列遥感卫星是美国国家航空航天局（NASA）和美国地质调查局（USGS）联合开发和管理的一组卫星，用于地球表面监测和环境研究。Landsat 已发射了 9 颗卫星，其中第 6 颗发射失败，目前 Landsat1 到 Landsat5 已经退役，Landsat7 仍在运行，但存在传感器问题，Landsat8 和 Landsat9 运行正常。Landsat 系列卫星重访周期为 16d。

Landsat8 和 Landsat9 都带有陆地成像仪（OLI）和热红外传感器（TIRS）两种传感器，OLI 传感器用于捕捉地表可见光、近红外和短波红外影像，波段参数如表 3-2 所示，TIRS 传感器用于捕捉地表的热红外影像，表格参数如 3-3 所示。

表 3-2　Landsat8 OLI 传感器波段和分辨率

波段编号	类型	波长/μm	分辨率/m
Band1	蓝色波段	0.433~0.453	30

（续表）

波段编号	类型	波长/μm	分辨率/m
Band2	蓝绿波段	0.450~0.515	30
Band3	绿波段	0.525~0.600	30
Band4	红波段	0.630~0.680	30
Band5	近红外	0.845~0.885	30
Band6	短波红外	1.560~1.660	30
Band7	短波红外	2.100~2.300	30
Band8	微米全色	0.500~0.680	15
Band9	短波红外波段	1.360~1.390	30

表 3-3 Landsat9 TIRS 传感器波段和分辨率

波段编号	中心波长/μm	波长范围/μm	分辨率/m
Band10	10.9	10.6~11.2	100
Band11	12.0	11.5~12.5	100

（2）Sentinel 系列。Sentinel（哨兵）系列卫星是欧洲空间局（ESA）发起的“哥白尼计划”（Copernicus Programme）的一部分，旨在提供高质量的地球观测数据，以支持环境监测、气候变化研究和灾害响应等。Sentinel 系列卫星信息如表 3-4 所示，其中 Sentinel-2 光学卫星的波段参数如表 3-5 所示。

表 3-4 Sentinel 系列卫星信息

名称	类型	重访周期	传感器	传感器参数
Sentinel-1	雷达卫星	每 12d（双星组合）	合成孔径雷达（SAR）	频段：C 波段 频率：5.405 GHz 空间分辨率 IW 模式：5m（近轴），20m（远轴） EW 模式：40m SL 模式：1m（高分辨率成像）
Sentinel-2	光学卫星	每 5d（双星组合）	多光谱成像仪	空间分辨率：10m（可见光和近红外），20m（短波红外），60m（宽波段） 波段：13 个波段（包括可见光、近红外和短波红外）

（续表）

名称	类型	重访周期	传感器	传感器参数
Sentinel-3	多用途卫星	每 27d（双星组合）	OLCI：用于监测海洋和陆地颜色 SLSTR：用于测量地表温度	空间分辨率：OLCI 为 300m；SLSTR 为 1km 和 500m 波段：OLCI 具有 21 个波段，SLSTR 具有两个热红外波段和可见光/近红外波段
Sentinel-5P	气象卫星	每日	TROPOMI	光谱范围：从紫外（UV）到短波红外（SWIR），覆盖 270~4 500nm 空间分辨率：约 7 km×3.5km（在赤道上）
Sentinel-6	海洋卫星	每 10d	Poseidon-4	空间分辨率：1.5 cm

表 3-5 Sentinel-2 卫星波段信息

波段号	波长/nm	分辨率/m	功能描述
B1	443	60	蓝光（Aerosol）
B2	490	10	可见光（蓝光）
B3	560	10	可见光（绿光）
B4	665	10	可见光（红光）
B5	705	20	近红外
B6	740	20	近红外
B7	783	20	近红外
B8	842	10	近红外（NIR）
B8A	865	20	近红外
B9	940	60	水分监测（短波红外）
B10	1 375	60	热红外（短波红外）
B11	1 610	20	短波红外
B12	2 190	20	短波红外

（3）MODIS。MODIS（Moderate Resolution Imaging Spectroradiometer）是一个中等分辨率成像光谱仪，主要搭载在 NASA 的两颗卫星上：Terra（1999 年发射）和 Aqua（2002 年发射）。两个卫星重访周期约为 16d。

MODIS 具有 36 个光谱波段，覆盖范围从可见光到红外，具体波段和分辨率见表 3-6。

表 3-6　MODIS 波段

波段号	波长/nm	分辨率/m	主要用途
1	620～670	250	陆地、云、气溶胶边界
2	841～876	250	
3	459～479	500	陆地、云、气溶胶特性
4	545～565	500	
5	1 230～1 250	500	
6	1 628～1 652	500	
7	2 105～2 155	500	
8	405～420	1 000	海洋颜色、浮游植物、生物地球化学
9	438～448	1 000	
10	483～493	1 000	
11	526～536	1 000	
12	546～556	1 000	
13	662～672	1 000	
14	673～683	1 000	
15	743～753	1 000	
16	862～877	1 000	
17	890～920	1 000	大气水汽
18	931～941	1 000	
19	915～965	1 000	
20	3. 660～3. 840	1 000	表面/云温度
21	3. 929～3. 989	1 000	
22	3. 929～3. 989	1 000	
23	4. 020～4. 080	1 000	
24	4. 433～4. 498	1 000	大气温度
25	4. 482～4. 549	1 000	
26	1. 360～1. 390	1 000	卷云水汽
27	6. 535～6. 895	1 000	
28	7. 175～7. 475	1 000	
29	8. 400～8. 700	1 000	云特性
30	9. 580～9. 880	1 000	臭氧
31	10. 780～11. 280	1 000	表面/云温度
32	11. 770～12. 270	1 000	

（续表）

波段号	波长/nm	分辨率/m	主要用途
33	13.185~13.485	1 000	云顶高度
34	13.485~13.785	1 000	
35	13.785~14.085	1 000	
36	14.085~14.385	1 000	

（4）WorldView 系列。WorldView 系列卫星是由美国数字地球公司（DigitalGlobe，现为 Maxar Technologies 的一部分）开发和运营的一系列高分辨率地球观测卫星。目前有 4 颗在轨卫星，编号为 WorldView1、WorldView2、WorldView3、WorldView4，4 颗卫星均为太阳同步轨道卫星。其中，WorldView1、WorldView2、WorldView3 工作运行正常，WorldView4 由于控制力矩陀螺（CMGs）发生故障，于 2019 年 1 月 7 日宣告退役。

WorldView1 搭载的是全色光学传感器，分辨率为 0.5m，幅宽 17.6km，在地面采样距离（GSD）优于 1m 时，重访周期约 1.7d，在偏离天底点（卫星在绕地球轨道运行时，直接位于其正下方的点）20°或更小的角度下（GSD 为 0.51m 时）重访周期为 5.9d。

WorldView2 搭载的是多光谱光学传感器，全色图像分辨率为 0.46m，多光谱图像分辨率为 1.84m，波段见表 3-7。在 0.46m 分辨率下，幅宽 16.4km，重访周期约 1.1d。

表 3-7　WorldView2 多光谱波段

波段名	波长/nm
海岸蓝（Coastal Blue）	400~450
蓝（Blue）	450~510
绿（Green）	510~580
黄（Yellow）	585~625
红（Red）	630~690
红边（Red Edge）	705~745
近红外 1（NIR1）	770~895
近红外 2（NIR2）	860~1 040

WorldView3 搭载的是多光谱光学传感器，全色图像分辨率为 0.31m，多光谱图像分辨率为 1.24m，红外图像分辨率为 3.7m，CAVIS（Clouds，Aerosols，Vapors，Ice & Snow）波段分辨率为 30m。幅宽 13.1km，分辨率 1m 时，重访周期小于 1d，离天底点小于等于 20°时，重访周期 4.5d。WorldView3 多光谱波段如表 3-8 所示。

表 3-8 WorldView3 多光谱波段

波段范围	波段名	波长/nm	GSD
可见光近红外（VNIR）	Coastal Blue	400~450	天底点：1.24m 偏离天底点20°：1.38m
	Blue	450~510	
	Green	510~580	
	Yellow	585~625	
	Red	630~690	
	Red Edge	705~745	
	NIR1	770~895	
	NIR2	860~1 040	
短波红外（SWIR）	SWIR-1	1 195~1 225	天底点：3.70m 偏离天底点20°：4.10m
	SWIR-2	1 550~1 590	
	SWIR-3	1 640~1 680	
	SWIR-4	1 710~1 750	
	SWIR-5	2 145~2 185	
	SWIR-6	2 185~2 225	
	SWIR-7	2 235~2 285	
	SWIR-8	2 295~2 365	
云、气溶胶、蒸汽、冰和雪（CAVIS）	Desert Clouds	405~420	天底点：30m
	Aerosols-1	459~509	
	Green	525~585	
	Aerosols-2	620~670	
	Water-1	845~885	
	Water-2	897~927	
	Water-3	930~965	
	NDVI-SWIR	1 220~1 252	
	Cirrus	1 350~1 410	
	Snow	1 620~1 680	
	Aerosol-3	2 105~2 245	

（5）SPOT 系列。SPOT（Satellite pour l'Observation de la Terre）系列卫星是法国发射的一组地球观测卫星，旨在提供高分辨率的地球影像和遥感数据。SPOT 系列卫星由法国国家空间研究中心（CNES）开发并运营，首次发射于 1986 年。SPOT 项目前后共发射了 7 颗卫星，目前 SPOT1 到 SPOT5 均已退役，只有 SPOT6 和 SPOT7 还正常运行。SPOT6 和 SPOT7 是相同的卫星，构成一个星座，旨在提供高分辨率、宽幅的数据。

SPOT6 和 SPOT7 都配备了两个相同的 NAOMI（New Astrosat Optical Modular Instrument）设备，波段如表 3-9 所示，能够提供高达 1.5m 空间分辨率的全色和 6m 分辨率的多光谱数据。它们能够以两种模式操作：同步模式或单独模式。在同步模式下，幅宽 120km，重访周期为 1d；在单独模式下，幅宽 60km，重访周期为 1~3d。

表 3-9 SPOT6 和 SPOT7 多光谱波段

波段名	波长/μm
蓝（Blue）	0.45~0.52
绿（Green）	0.53~060
红（Red）	0.62~0.69
近红外（NIR）	0.76~0.89

（6）Pleiades 星座。Pleiades 星座（也称为 Pleiades 卫星系统）是由法国航空航天公司（Airbus Defence and Space）运营的一组高分辨率地球观测卫星，该星座主要包括 Pleiades 1A 和 Pleiades 1B 卫星。Pleiades 星座能够提供 0.5m 分辨率的全色影像和 2m 分辨率的多光谱影像，波段如表 3-10 所示。重访周期为 1d，幅宽 20km。两颗卫星协同工作，能够获取立体影像，支持三维建模和地形分析。

表 3-10 Pleiades 星座波段

波段名	波长/nm
蓝（Blue）	430~550
绿（Green）	490~610
红（Red）	600~720
近红外（NIR）	750~950

（7）RapidEye 星座。RapidEye 星座是由德国 RapidEye AG 公司开发的一组地球观测卫星，主要用于农业、林业、环境监测和灾害管理等领域，由 5 颗相同的卫星组成，分别为 RapidEye-1、RapidEye-2、RapidEye-3、RapidEye-4 和 RapidEye-5。

RapidEye 星座波段如表 3-11 所示，空间分辨率为 5m，幅宽 75km，5 颗卫星可以每天多次重访同一地区，提供高频率的数据更新。

表 3-11 RapidEye 星座波段

波段名	波长/nm
蓝（Blue）	440~510
绿（Green）	520~590
红（Red）	630~685

（续表）

波段名	波长/nm
红边（Red Edge）	690~730
近红外（NIR）	760~850

（8）PlanetScope星座。PlanetScope是由Planet Labs公司运营的一个地球观测卫星星座，专门用于提供高频率的遥感数据。这个星座由大量小型卫星组成，目前有超过200颗卫星在轨道上。

PlanetScope星座空间分辨率在3~5m，幅宽约24km，能够实现每天多次重访同一地区，通常在特定地区每天可以进行多达3次的影像获取，其波段如表3-12所示。

表3-12 PlanetScope星座波段

波段名	波长/nm
蓝（Blue）	455~515
绿（Green）	500~590
红（Red）	590~670
近红外（NIR）	780~860

（9）高分系列卫星。高分系列卫星是我国高分辨率对地观测系统重大专项（简称高分专项）发射的系列卫星，高分专项于2010年批准启动实施，首星高分一号于2013年4月26日，由长征二号丁运载火箭在酒泉卫星发射基地成功发射入轨。目前在轨运行的高分系列卫星从高分一号到十四号，各星参数如表3-13所示。农业中常用的高分卫星有高分一号、高分二号、高分六号。

表3-13 高分系列卫星

卫星编号	发射时间	卫星类型
高分一号	2013年4月26日	光学成像遥感卫星
高分一号02、03、04星	2018年3月31日	
高分二号	2014年8月19日	光学遥感卫星，全色和多光谱分辨率较高
高分三号01星	2016年8月10日	微波合成孔径雷达卫星
高分三号02星	2021年11月23日	
高分三号03星	2022年4月7日	
高分四号	2015年12月29日	地球同步轨道光学卫星
高分五号	2018年5月9日	世界首颗实现对大气和陆地综合观测的全谱段高光谱卫星

（续表）

卫星编号	发射时间	卫星类型
高分六号	2018 年 6 月 2 日	低轨光学遥感卫星
高分七号	2019 年 11 月 3 日	高分辨率空间立体测绘卫星
高分八号	2015 年 6 月 26 日	高分辨率光学遥感卫星
高分九号	2015 年 9 月 14 日	亚米级光学遥感卫星
高分十号	2019 年 10 月 5 日	亚米级微波遥感卫星
高分十一号	2018 年 7 月 31 日	亚米级光学遥感卫星
高分十一号 02 星	2018 年 9 月 7 日	
高分十一号 03 星	2021 年 11 月 20 日	
高分十一号 04 星	2022 年 12 月 27 日	
高分十一号 05 星	2024 年 7 月 19 日	
高分十二号	2019 年 11 月 28 日	亚米级微波遥感卫星
高分十二号 02 星	2021 年 3 月 31 日	
高分十二号 03 星	2022 年 6 月 27 日	
高分十二号 04 星	2023 年 8 月 21 日	
高分十三号	2020 年 10 月 12 日	高轨光学遥感卫星
高分十四号	2020 年 12 月 6 日	光学立体测绘卫星

①高分一号。高分一号为太阳同步轨道卫星，空间分辨率为全色 2m，多光谱 8m/16m，波段参数如表 3-14 所示。高分一号幅宽为高分成像时（分辨率 2m/8m）60km，宽幅成像时（分辨率 16m）800km，重访周期为侧摆条件下 4d。

表 3-14　高分一号波段

成像类型	波段	波长/μm	分辨率
高分成像	全色	0. 45~0. 90	优于 2m
	E1	0. 45~0. 52	优于 8m
	E2	0. 52~0. 59	
	E3	0. 63~0. 69	
	E4	0. 77~0. 89	
宽幅成像	E1	0. 45~0. 52	优于 16m
	E2	0. 52~0. 59	
	E3	0. 63~0. 69	
	E4	0. 77~0. 89	

②高分二号。高分二号为太阳同步轨道卫星，空间分辨率为全色 0.8m，多光谱 3.2m，幅宽 45km（2 台相机组合），重访周期为侧摆条件下 5d。高分 2 号波段如表 3-15 所示。

表 3-15　高分二号波段

波段	波长/μm	分辨率
全色	0.45~0.90	0.8m
多光谱	0.45~0.52	3.2m
	0.52~0.59	
	0.63~0.69	
	0.77~0.89	

③高分六号。高分六号整体性能与高分一号相似，携带 2m 全色/8m 多光谱高分辨率相机、16m 多光谱中分辨率宽幅相机，幅宽在 2m 全色/8m 多光谱分辨率下为 90km，在 16m 多光谱分辨率下为 800km，重访周期 4d，高分六号与高分一号组网，可将重访周期降为 2d。

3.1.3　无人机低空遥感

3.1.3.1　概念和特点

无人机低空遥感是一种利用无人机（Unmanned Aerial Vehicle，UAV）进行地面观察和数据收集的技术，结合了遥感技术与无人机平台的优点，广泛应用于 GIS、环境监测、农业、城市规划、灾害管理等多个领域。

无人机对地观测装备发展迅速，推动了无人机农业低空遥感的应用。目前，无人机搭载的主流对地观测传感器包括多光谱传感器、热像仪、高光谱传感器、激光雷达等。其中，热像仪可测定农作物表面温差变化，及时反映作物光合作用、蒸散速率等响应环境变化的敏感因子，用于进行病害等作物胁迫状态监测；机载高光谱传感器具有高空间和光谱分辨率优势，能够获取作物高通量表型信息；机载激光雷达传感器能采集丰富的点云信息，可以从水平和垂直两个方向获取作物结构特征；机载多光谱传感器具有功耗低、价格适中、成像及影像后处理技术相对简单等特点，被广泛用于农作物长势及病虫害监测、估产等领域。

（1）无人机低空遥感主要优点。

①高分辨率。与卫星遥感和传统航空遥感相比，无人机在低空飞行，能够获取厘米级甚至亚厘米级的高分辨率数据，能够捕捉到细节地面信息，适合农业监测等需要高精度数据的应用。

②灵活性和适应性。与卫星遥感相比，无人机可以随时按需进行数据采集，不受重访周期限制，飞行高度在云层以下，采集数据不受云层影响。同时无人机对起降场地要求一般不高，能够在不同的地形和环境下作业。

③实时数据获取。无人机能够实时收集和处理数据，并快速传输到地面。这种实时性在应急响应、灾害监测等场景中非常重要。

④多样化的传感器配置。卫星携带的传感器在发射升空后是不可更改的，而无人机可以根据具体需求灵活搭载多种类型的传感器（包括可见光、红外、多光谱、LiDAR等），以满足不同的数据采集要求。

⑤门槛低。现代无人机操作相对简单，许多无人机具有自动飞行模式和易于使用的控制软件，数据处理软件自动化程度也非常高，非专业人员经过培训后也能快速上手。而卫星遥感的操作和数据处理通常需要专业的技术团队才能完成。

⑥成本效益。相比于卫星发射和维护的高昂费用，无人机的获取和操作成本相对较低，对于小规模项目，无人机的成本效益更容易被接受。

（2）无人机低空遥感主要缺点。

①飞行时间限制。目前主流无人机大多采用电池供电，续航能力有限，通常只能在空中飞行几十分钟到几个小时，无法像卫星那样进行长时间的、连续的观测。

②覆盖范围有限。由于无人机飞行时间有限，且飞行高度较低，其单次飞行覆盖的范围有限，适合于局部区域的高分辨率监测，而卫星遥感可以轻松覆盖大面积区域，适合于广域监测和长时间的连续观测。

③天气敏感性。无人机的飞行容易受到天气因素（如风、雨、雾等）的影响。

④数据处理与存储需求。无人机通常用于采集高分辨率数据，数据量庞大，处理和分析需要一定的计算能力和存储空间支持。

3.1.3.2 农业常用遥感无人机

目前农业常用遥感无人机以大疆产品为主，主要有大疆精灵 4 多光谱版（DJI Phantom 4 Multispectral）、御 3 多光谱版（Mavic 3 Multispectral），此外大疆 Matrice 300 RTK、Matrice 600 等作为多用途无人机平台，常被用于搭载第三方传感器，实现定制化的低空遥感数据获取。

（1）精灵 4 多光谱版。大疆精灵 4 多光谱版是一款专为农业和环境监测设计的无人机，具有多光谱成像能力，基本参数为：续航能力 27min；最大飞行海拔高度 6 000 m；最大水平飞行速度超过 50km/h；RTK 正常工作时定位精度垂直和水平均达到±0. 1m；镜头视场角 62. 7°，焦距 5. 74mm（35mm 格式等效：40mm）；带有 6 个1/2. 9inch CMOS，1 个用于可见光成像、5 个用于多光谱成像，有效像素 208 万（1 600×1 300），其多光谱镜头滤光片参数如表 3-16 所示。

表 3-16 精灵 4 多光谱镜头滤光片参数

波段	波长/nm
蓝（Blue）	450±16
绿（Green）	560±16
红（Red）	650±16
红边（Red Edge）	730±16
近红外（NIR）	840±26

（2）御 3 多光谱版。基本参数为：飞行时间 46min（无风环境）；空载最大飞行高度 6 000 m；最大水平飞行速度 15m/s；RTK 正常工作时定位精度垂直和水平均达到 ±0. 1m；镜头视场角 73. 91°，等效焦距 25mm；多光谱相机参数与精灵 4 多光谱版相同。

（3）Matrice 300 RTK。大疆 Matrice 300 RTK 是一款高性能的工业级无人机，广泛应用于测绘、巡检、救援等领域。基本参数为：最大负载能力 2. 7kg；无负载下最大飞行时间约 55min；最大飞行高度 7 000 m；最大水平飞行速度约 23m/s；可抗 12m/s 风速（6 级风）；RTK 定位精度厘米级。

（4）Matrice 600。大疆 Matrice 600（M600）是一款专业级的航拍无人机，广泛应用于影视制作、测绘、农业等领域。基本参数为：最大负载能力约 6kg；无负载下最大飞行时间约 36min；最大飞行高度 5 000 m；最大水平飞行速度约 18m/s；可抗 10m/s 风速（6 级风）。

3. 1. 4 专用智能化采集平台

随着智能化育种、作物表型组学等研究领域的发展，出现了多种农业专用智能化数据采集平台，如智能考种分析仪、高通量植物表型平台等。这类平台通常结合人工智能技术，具有快速收集大量数据的能力。

3. 1. 4. 1 智能考种分析仪

智能考种分析仪是一种集成了多种传感技术和图像处理技术的现代农业仪器，主要用于种子质量的自动化分析，包括种子形态、大小、重量、发芽率、千粒重等关键指标，以及数量、面积、周长、长度、宽度、长宽比等多种数据，适用于玉米、水稻、小麦、大豆、油菜、蔬菜等多种种子。

在现代农业生产中，确保种子的质量和净度是保证农作物产量的重要条件，种子质量直接影响着农作物生长和抗胁迫能力。智能考种分析仪通过智能化算法，可在极短的时间内完成大量种子的参数检测，大量减少了时间成本和人工投入，同时排除了人为误差干扰，提高了种子检测的准确性。

3. 1. 4. 2 高通量植物表型平台

随着新一代信息技术发展，作物育种技术正在进入以基因组和信息化技术高度融合为特征的育种新阶段，而能实现大规模检测的高通量作物表型技术已成为作物育种发展的主要瓶颈。

高通量植物表型平台（High-Throughput Plant Phenotyping Platforms）是现代植物科学研究中的一种重要工具，旨在通过自动化和高效的方式对植物的表型特征进行快速、准确地测量和分析。

1998 年，比利时 CropDesign 公司成功开发世界上首套大型植物高通量表型平台，命名为 TraitMill，该平台打破了几百年来“一把尺子一杆秤”的植物表型性状获取方法，可高通量、自动化地获取包括地上部分生物量、株高、总粒数、结实率、粒重，以及收获指数等植物表型信息。此后，环境可控的室内植物表型平台，大田植物表型平台，低成本、便携式表型采集设备及航空机载平台等多层次表型获取技术迅猛发展，整合图像、点云、光谱、红外、X 射线等传感器，实现细胞—组织—器官—植株—群体多尺度的表型数据获取。

目前，植物表型数据获取研究人员致力于构建表型基础设施及研发便携式低成本的表型获取装置，以进一步提高表型数据获取的通量、分辨率和自动化程度。

根据系统构造、成像功能、使用环境的不同，高通量植物表型平台可以分为3种类型：实验室型、温室型和野外型。

（1）实验室型高通量植物表型平台。可以对不同品种、不同生命时期的小型植物或者其他样品材料进行多参数的表型数据采集，表型平台软件可以控制系统每天自动对样品进行成像，以分析数据的时间动力学变化。图3-2为实验室型高通量植物表型平台实物示例。

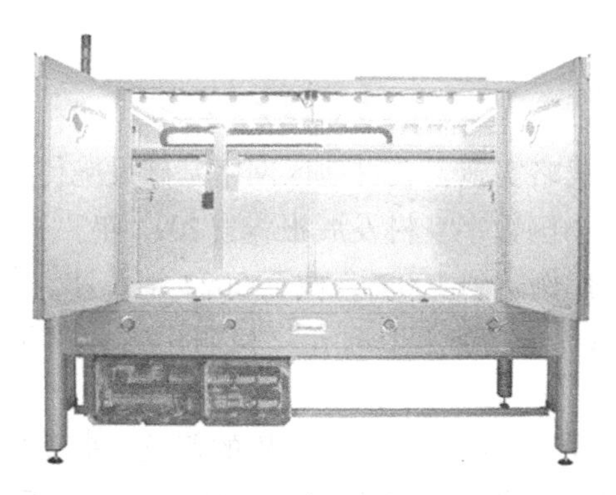

图3-2 实验室型高通量植物表型平台

（2）温室型高通量植物表型平台。一般包括植物传送系统和成像单元两部分，如图3-3所示。植物采用盆栽方式，每个花盆都有唯一身份标识。采用流水线传送形式，将盆栽植物传送至成像暗室进行成像和解析。

图3-3 温室型高通量植物表型平台

（3）野外型高通量植物表型平台。一种可以自动对大田中的农作物进行高通量表型成像的系统，通常采用龙门架或自走小车等平台搭载传感器实现，如图3-4所示。

图 3-4 野外型高通量植物表型平台

3.1.5 数据采集 App

伴随着我国数字乡村战略实施，农村地区网络基础设施得到了很大改善。根据农业农村部信息中心发布的《中国数字乡村发展报告（2022 年）》公布的数据，截至 2021 年底，全国行政村通宽带比例达到 100%，截至 2022 年 6 月，农村网民规模达 2.93 亿，农村互联网普及率达到 58.8%，与“十三五”初期相比，城乡互联网普及率差距缩小近 15 个百分点。

农村地区网络条件的改善，促进了智能手机的普及，据新华社报道，我国农村九成以上家庭拥有至少一部智能手机，通过手机 App 或小程序进行农业数据采集也成为农业数据采集的重要组成部分。

使用手机或其他手持智能设备进行数据采集不仅可以实现传统报表填写功能，还能通过相机提供更加直观的现场图片或视频内容，同时手机自带的定位系统还能方便地实现地理位置与数据的关联。

3.2 数据传输技术

3.2.1 互联网

互联网起源于 20 世纪 60 年代，1969 年，在美国国防部组建的高级研究计划局（Advanced Research Projects Agency，ARPA）的推动下，ARPANET 开始建设，同年 10 月，斯坦福大学和加州大学洛杉矶分校的计算机首次通过 ARPANET 连接了起来，成为世界上最早的互联网主机。90 年代初现代互联网技术开始兴起，1994 年万维网联盟（World Wide Web Consortium，W3C）成立，标志着万维网的诞生，世界正式进入 Web1.0 时代。经过 30 多年发展，互联网已经成为现代社会最重要的基础设施之一。

我国于 1994 年正式全功能接入互联网，根据中国互联网络信息中心（CNNIC）2024 年发布的第 54 次《中国互联网络发展状况统计报告》数据，我国现有网民数量已经达到近 11 亿，互联网普及率达 78.0%。我国已开通 26 个国家级互联网骨干直联点，总带宽超过50TB。根据中国信通院发布的《中国宽带发展白皮书（2023年）》，我国固定宽带用户平均下载速度达到71.7Mbit/s，移动宽带用户通过4G/5G网络的综合平均下载速率达到98.1Mbit/s。

根据IP（Internet Protocol）协议的不同，互联网可以分为IPv4和IPv6两代，当前，互联网正处于由IPv4向IPv6逐步过渡的时期，IPv6的普及对智慧农业等应用场景的发展具有重要意义。

3.2.1.1 IPv4

（1）协议概况。IPv4，即互联网通信协议第4版（Internet Protocol Version 4），是网际协议开发过程中的第4个修订版本，也是此协议第1个被广泛部署的版本。

IPv4地址长度为4个字节（bytes）32个比特位（bits），总地址数量为2^{32}，约42.9亿多个地址，地址常用“点分十进制”形式表示，如127.0.0.1。地址分成网络部分和主机部分，通过网络掩码进行划分，如路由器中常将网络掩码配置为255.255.255.0，表示前24bits是网络部分，后8bits是主机部分，除去网络地址和广播地址，该子网实际可接254个设备。

IPv4协议采用分组交换技术，即将数据分割成一系列小数据包进行传输，每个数据包都包含了目标地址和源地址等必要的控制信息。每个数据包都是独立的，数据包的传输不需要建立和维护连接状态，即IPv4是面向无连接的协议。

2019年11月26日15时35分，位于荷兰阿姆斯特丹的IP地址管理机构正式宣布，全球IPv4网址已经全部分配完毕。

（2）报文结构。IPv4报文由报文头和数据部分组成，报文头基本长度为20bytes，如果使用了“可选项”字段，则可能超过20bytes。IPv4的报文头结构如图3-5所示，各字段意义如下：

版本（Version）：长度4bits，表示IP协议的版本号，IPv4此字段值为4。

头部长度（Internet Header Length，IHL）：长度4bits，表示报文头部的长度，以4bytes为单位。最小值是5（无可选项字段时），最大值是15（选项字段为最大40bytes时）。

服务类型（Type of Service，TOS）：长度8bits，表示IP报文的服务类型，用于指定QoS（Quality of Service）和流量控制等参数。

总长度（Total Length）：长度16bits，表示整个IP数据报文的长度，包括报文头和数据部分，计算单位为bytes。这个字段的最小值是20（20bytes报文头+0byte数据），最大值是$2^{16}-1=65\ 535$。在实际网络中，由于最大传输单元（Maximum Transmission Unit，MTU）的标准值是1 500bytes，单个数据包大小不会超过1 500 bytes。

标识（Identification）：长度16bits，用来唯一地标识一个报文的所有分片，因为分片不一定按序到达，所以在重组时需要知道分片所属的报文。每产生一个原始数据报文（未按MTU限制进行分片），计数器加1，并赋值给此字段。

标志（Flags）：长度3bits，用于标识IP分片的状态。3个比特中第1位为保留位，必须为0；第2位是禁止分片标志位，如果值为1，表示不分片，值为0才允许分片；第3位是更多分片标志，值为1表示后面还有分片，值为0表示已经是最后一个分片。

分片偏移（Fragment Offset）：长度13bits，表示分片相对于原始数据报文的偏移量。分片偏移以 8 个 bytes 为偏移单位，也就是说，除最后一个分片外，其他每个分片的长度一定是 8bytes 的整数倍。

生存时间（Time to Live，TTL）：长度 8bits，表示数据报文在网络中最多可以经过的路由器数量（即跳数），用于防止数据报在网络中无限循环。该字段由 IP 数据包的发送者设置，在从源到目的的整个转发路径上，每经过一个路由器，路由器都会把 TTL 的值减 1，然后再将 IP 包转发出去。如果在 IP 包到达目的 IP 之前，TTL 减少为 0，路由器将会丢弃收到的 TTL=0 的 IP 包并向 IP 包的发送者发送 ICMP time exceeded 消息。每个系统的 TTL 不一样，Windows 个人版本 TTL 为 64，服务器版本为 128，Linux 为 64，常见的网络设备一般为 255 和 64 两种。

协议（Protocol）：长度 8bits，表示数据报文中的数据部分使用的协议类型，例如，TCP、UDP、ICMP 等。

头部校验和（Header Checksum）：长度 16bits，用于检测 IP 数据报文头部在传输过程中是否出现了错误。

源地址（Source Address）：长度 32bits，表示数据报文的发送者 IP 地址。

目标地址（Destination Address）：长度 32bits，表示数据报的接收者 IP 地址。

选项（Options）。跟在目的地址之后，但并不经常使用，长度必须为 4bytes（即 32bits）的整数倍，不够在后面用 0 补齐。

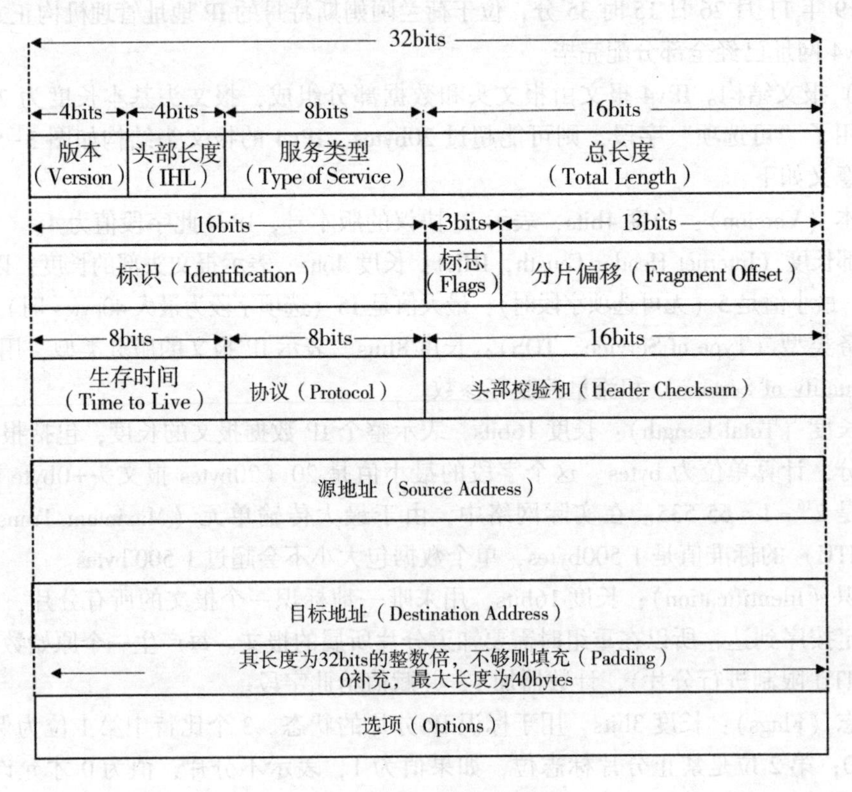

图 3-5　IPv4 报文头结构

3.2.1.2 IPv6

（1）协议概况。IPv6，即互联网通信协议第 6 版（Internet Protocol Version 6），是互联网工程任务组（IETF）设计的用于替代 IPv4 的下一代 IP 协议。

IPv6 的地址长度为 128 位，是 IPv4 地址长度的 4 倍，地址标准表示方法为冒分十六进制，即将地址分为 8 组，每组用 4 个十六进制数表示，组与组之间用冒号分隔，如 6789：0db8：0000：0042：0000：8a2e：0370：7334。

（2）报文结构。IPv6 报文头如图 3-6 所示，各字段意义如下：

版本（Version）：长度 4bits，IP 协议版本号，IPv6 固定为 6。

流量类别（Traffic Class）：长度 8bits，该字段的前 6 位用于 DSCP（Differentiated Services Code Point），实现流量分类和 QOS。后 2 位用于 ECN（Explicit Congestion Notification），实现网络拥塞通知。

流标签（Flow Label）：长度 20bits，IPv6 提出了流的抽象概念，流就是因特网上从特定源点到特定终点（单播或多播）的一系列 IPv6 数据报（如实时音视频数据的传送）。所有属于同一个流的 IPv6 数据报都具有同样的流量标签（相同的流量标签可进行同样的数据优先级设定）。因此，流标号对于实时音视频数据的传送特别有用，对于传统的非实时数据，流标号用处不大。

有效负载长度（Payload Length）：长度 16bits，IPv6 基本报文头后的数据部分长度（包括扩展头的长度），以 byte 为单位。

下一报头（Next Header）：长度 8bits，指示基本报文头后的扩展报文头，如果没有扩展报文头，则指示数据部分所承载的协议。

跳数限制（Hop Limit）：与 IPv4 的 TTL 相同。

源 IPv6 地址（Source IPv6 Address）：128bits，发送数据报文节点的 IPv6 地址。

目的 IPv6 地址（Destination IPv6 Address）：128bits，接收数据报文节点的 IPv6 地址。

扩展报文头（Extension Header）：可变长度，包含下一报头字段、扩展报头长度字段和扩展报头的内容。

IPv6 和 IPv4 的主要区别在于：

①取消头部长度字段。IPv6 数据报的报文头长度是固定的 40bytes，因此不需要长度字段。

②取消了服务类型字段。IPv6 数据报文头中的流量类别和流量标签字段实现了区分服务的功能。

③取消了总长度字段。改用有效载荷长度字段，因为 IPv6 数据报的报文头长度是固定的 40bytes，只有其后面的有效载荷长度是可变的。

④取消了标识、标志和片偏移字段。这些功能已包含在 IPv6 数据报的分片扩展报文头中。

⑤把生存时间 TTL 字段改称为跳数限制字段。这样名称与作用更加一致。

⑥取消了协议字段。改用下一个报文头字段。

⑦取消了首部检验和字段。可以加快路由器处理 IPv6 数据报的速度。

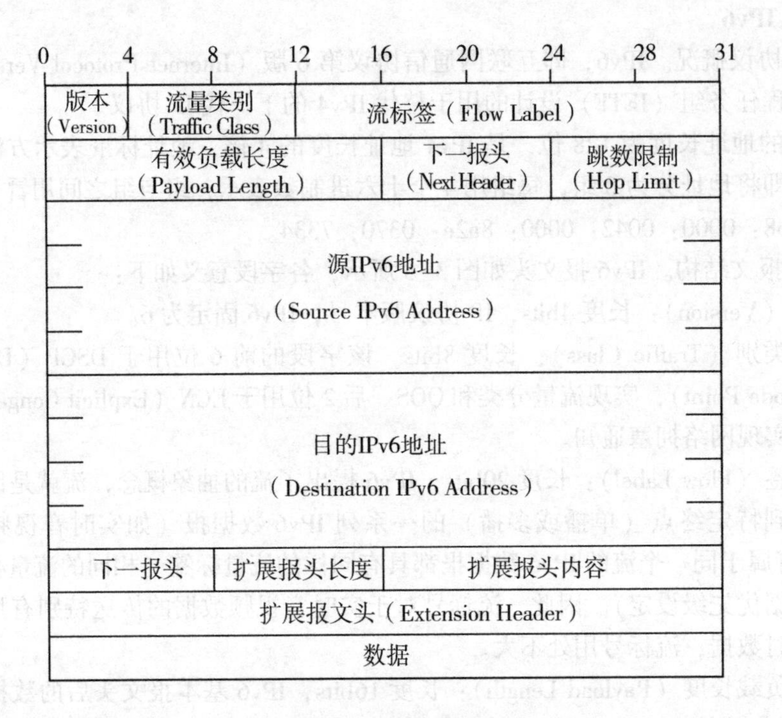

图 3-6 IPv6 报文头

⑧取消了选项字段。改用扩展首部来实现选项功能。

3.2.2 移动互联网

在过去几十年里，移动通信取得了令人瞩目的进步，从第一代（1G）无线通信到当前第五代（5G）技术，移动网络已成为我们生活中不可或缺的一部分。

1G 网络仅提供语音通话功能，网络制式为模拟通信网络。

2G 网络实现了模拟调制到数字调制的转变，2G 时代几个主流的网络制式有 GSM、TDMA、CDMA 等，传输速率在 9.6kbps 到 14.4kbps。

在 2G 网络过渡到 3G 网络过程中，出现了 GPRS 技术，有时也被称作 2.5G，GPRS 相比 GSM 在数据速度方面提升巨大，达到 114kbps，直到今天还有很多物联网设备使用 GPRS 通信。

GPRS 之后出现了 EDGE 技术，理论最高速度比 GPRS 进一步提高，达到了 384kbps，有些地方将 EDGE 称为 2.75G。

3G 通过更复杂的调制解调技术和频谱管理，提高了频谱利用率，数据传输速率达到几 Mbps，3G 主流网络制式有 WCDMA、CDMA2000、TD-SCDMA 等。

4G 主要制式有 TD-LTE 和 FDD-LTE 两种，数据传输速率达到 100Mbps。但实际上这两种制式并没有达到国际电信联盟对 4G 的要求，LTE Advanced 才被认为是真正达到 4G 标准的制式。

5G 制式就一种，称为 NR（New Radio），中文名新空口，NR 能在多个频段上工作，用户体验速率达 1Gbps。

目前我国移动互联网主流网络为 4G 和 5G 两种，根据工信部《2023 年通信业统计公报》显示，2023 年，我国移动电话基站为 1 162 万个，其中，4G 基站 629.5 万个，5G 基站 337.7 万个，2G/3G 基站 195.3 万个。4G 提供了较高的数据传输速率，使得我们可以在移动设备上流畅地观看高清视频、进行视频通话等，促进了抖音等以视频内容为主的平台的繁荣及移动视频通话等应用的发展，深度改变了人们日常获取信息和交流的方式。5G 提供了更高的传输速率和更低的延时，更适合物联网应用，推动了自动驾驶、远程医疗等智能化场景的出现。4G 和 5G 技术的主要对比如表 3-17 所示。

表 3-17　4G 和 5G 技术对比

参数项	4G 技术	5G 技术
速度和带宽	下载速度通常在 100Mbps 左右，上传速度在 50Mbps 以内。	理论下载速度可达 10Gbps，上传速度可以达到 1Cbps，比 4G 快数十倍。
延迟	数据传输延迟通常在 50ms 左右。	延迟可以降低至 1ms 以下。
网络容量	支持每平方千米大约 1 000 个连接，网络容量有限，当用户密集或设备连接数多时容易出现拥堵。	支持每平方千米多达 100 万的设备连接，使得大量物联网设备的连接和通信成为可能。
频谱使用	主要使用 6 GHz 以下的频段，集中在 600MHz 到 3.5GHz。	支持 3 个频段范围：低频，600MHz 到 1GHz；中频段，1～6GHz；高频段，24GHz 及以上。
网络架构	采用全 IP 网络架构，支持数据和语音的融合传输，即语音数据也封装为 IP 数据包进行传输。	采用了云化网络架构，支持网络切片技术，可以针对不同的应用场景（如工业控制、智能家居、车联网等）提供定制化的网络服务。
能效	相比于 3G 有能效的提升，但在大规模设备连接和高带宽需求的情况下，能耗依然较高。	采用了更高效的通信技术和网络架构，使其在处理相同的数据量时能耗更低，支持节能模式，从而延长设备电池寿命。
应用场景	主要用于个人用户的高速移动互联网服务，如流媒体、社交媒体、视频通话等。	除了高速移动互联网，还能够支持更多的行业应用，如自动驾驶、智能制造、远程医疗、智慧城市、工业物联网（IIoT）等。

3.2.3　物联网组网技术

物联网已经深入我们生活的各个方面，根据国际数据公司（IDC）的预测，到 2025 年，全球物联网设备的数量将超过 500 亿个。物联网设备通过无线组网，将各种设备和传感器连接到网络，实现数据的收集、传输和共享。物联网组网技术已经发展了多代，主要包括 Wi-Fi、Zigbee、BLE（Bluetooth Low Energy）、LoRa、NB-IoT、5G 等。

3.2.3.1 Wi-Fi

Wi-Fi 是一种基于 IEEE 802.11 标准的无线局域网技术，是目前应用最广的无线网络通信技术，几乎所有智能手机、平板电脑和笔记本电脑都支持 Wi-Fi 上网，同时 Wi-Fi也是物联网领域使用最多的组网技术。

（1）Wi-Fi 的技术演进。Wi-Fi 技术自诞生以来，经过了多个版本的更新和发展，每个 Wi-Fi 版本在速率、频段、覆盖范围和其他特性上都有所改进。

1997 年，IEEE 802.11 标准发布，即 Wi-Fi0。这是最初的 Wi-Fi 标准，工作频段 2.4GHz，数据速率较低，只有 2Mbps，只支持基本的无线网络连接，主要用于短距离数据传输和简单网络应用。

1999 年，IEEE 802.11a/b 标准发布，即 Wi-Fi1 和 Wi-Fi2。802.11a 通过使用正交频分复用（OFDM）技术，显著提高了数据传输速率，数据速率达到 54Mbps。由于使用 5GHz 频段，干扰较少，适合高密度环境。但 5GHz 信号穿透性较弱，覆盖范围相对较小。802.11b 的数据传输速率比 802.11a 低，为 11Mbps，但由于使用了 2.4GHz 频段，信号覆盖范围较大，障碍物穿透能力强，该标准帮助 Wi-Fi 实现了在消费市场的广泛普及。

2003 年，IEEE 802.11g 标准发布，即 Wi-Fi3。802.11g 结合了 802.11a 和 802.11b 的优点，在 2.4GHz 频段下使用 OFDM 技术，速率可达到 54Mbps，同时保持了较好的信号覆盖和穿透能力。

2009 年，IEEE 802.11n 标准发布，即 Wi-Fi4。802.11n 引入了多输入多输出（MIMO）技术，允许多个数据流同时传输，极大提升了数据传输速率，最大达到 600Mbps（取决于天线数量）。该标准支持双频段（2.4GHz 和 5GHz），使得网络在速度和覆盖范围之间取得平衡。

2013 年，IEEE 802.11ac 标准发布，即 Wi-Fi5。802.11ac 专注于 5GHz 频段，它采用了更多的数据流、更宽的信道（最高 160MHz）和更高阶的调制方式（256-QAM），进一步提升了传输速率，使得速率达到 1.3Gbps（Wave 1），最高可达 3.47Gbps（Wave 2）。并且引入了多用户多输入多输出（MU-MIMO）技术，提升了多设备同时连接时的网络性能。

2019 年，IEEE 802.11ax 标准发布，即 Wi-Fi6。802.11ax 频段采用 2.4GHz 和 5GHz，Wi-Fi6E 支持 6GHz 频段。Wi-Fi6 采用了正交频分多址（OFDMA）、目标唤醒时间（TWT）、更宽的信道带宽和更高阶的调制（1024-QAM）。进一步提升了网络速率和容量，最大速率达到 9.6Gbps，在高密度环境下表现优异。同时显著降低了延迟，尤其适合智能家居、企业办公和公共场所等多设备场景。Wi-Fi6 可以轻松管理由数百个设备组成的大型传感器网络，有力促进了 Wi-Fi 技术在工业物联网等领域的应用。

Wi-Fi7，即 IEEE 802.11be，2024 年发布，802.11be 将支持 2.4GHz、5GHz 和 6GHz，支持更宽的信道带宽（320MHz）和更高阶的调制技术（4096-QAM），理论最高速率将达到 30Gbps。此外，Wi-Fi7 将引入更高效的多链路操作（MLO），允许设备同时在多个频段上传输数据，以提高整体传输速度和可靠性。

（2）Wi-Fi 的协议栈。Wi-Fi 的协议栈基于开放系统互联（OSI）模型，涵盖了物理层、数据链路层、网络层等 7 个层级，如图 3-7 所示。

①物理层（Physical Layer）。负责 Wi-Fi 信号的发射和接收，将数据以电磁波形式在无线信道上进行传输。物理层定义了信道的频段、信号调制方式（如 QAM、OFDM 等）、数据传输速率和功率控制等。

②数据链路层（Data Link Layer）。Wi-Fi 的数据链路层可进一步分为两个子层：逻辑链路控制（LLC）子层和介质访问控制（MAC）子层。LLC 子层提供流量控制和数据封装服务，将来自网络层的数据封装为帧，并传递给 MAC 子层处理。MAC 子层负责 Wi-Fi 网络中的帧格式定义、数据加密、设备地址分配和媒体访问控制。它采用 CSMA/CA（载波侦听多路访问/冲突避免）机制来管理无线信道的访问，避免冲突。

③网络层（Network Layer）。Wi-Fi 网络层通常使用 IP 协议，实现数据包的寻址和路由，常见的协议包括 IPv4、IPv6，以及与 IP 相关的协议如 ARP（地址解析协议）和 ICMP（互联网控制消息协议）。

④传输层（Transport Layer）。负责端到端的通信控制和数据传输完整性，主要使用 TCP（传输控制协议）和 UDP（用户数据包协议）两种协议。

⑤会话层（Session Layer）。会话层负责在通信双方之间建立和维护会话，并同步数据传输，会话层的功能通常由应用层协议（如 HTTP、FTP）实现。

⑥表示层（Presentation Layer）。主要负责数据的压缩、加密（如 SSL/TLS）和字符集转换等。

⑦应用层（Application Layer）。提供用户与网络之间的接口，使应用程序能够使用网络服务，常见的应用层协议包括 HTTP、HTTPS、FTP、SMTP、DNS 等。

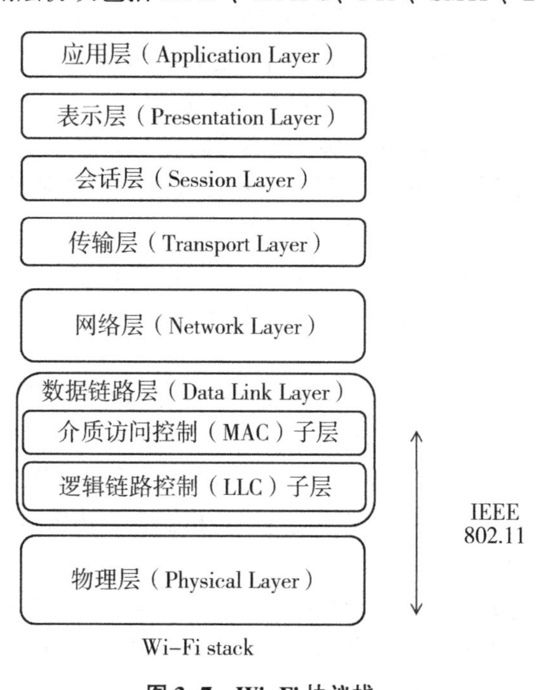

图 3-7　Wi-Fi 协议栈

(3) Wi-Fi 的优势。目前物联网领域主推的 Wi-Fi 版本为 Wi-Fi6，根据 IoT Analytics 发布的调查数据，2023 年，全球出货的 Wi-Fi 设备中有 3/4 是基于最新的 Wi-Fi6 和 Wi-Fi6E，Wi-Fi6 的主要优点包括：

①高传输速率。最大传输速率可达 9.6Gbps，比前几代 Wi-Fi 更高，适合高带宽的物联网设备（如高清视频监控、智能家居娱乐系统等）。

②低延迟。采用了 OFDMA 技术，可以将无线信道划分为更小的子信道，允许多个设备同时传输数据，从而大幅降低延迟，适合实时性要求较高的物联网应用，如工业自动化、远程医疗等。

③高设备密度支持。引入了 MU-MIMO 和基本服务集着色（BSS Coloring）技术，能够更有效地管理和优化网络资源，支持更多设备同时接入网络，这对于设备数量庞大的物联网环境（如智能城市、智能工厂等）尤为重要。

④更好的能效。采用了目标唤醒时间（TWT）技术，允许物联网设备协商唤醒时间和频率，能够减少不必要的唤醒时间，降低功耗。

⑤更强的安全性。Wi-Fi6 标准支持最新的 Wi-Fi 安全协议 WPA3，提供了更强大的加密和认证机制，增强了物联网设备和数据的安全性，防止未经授权的访问和网络攻击。

(4) Wi-Fi 的不足。在物联网应用场景下，Wi-Fi 在功耗、成本等方面仍存在一些不足。

①功耗较高。与其他专为低功耗设计的物联网技术（如 LoRa、NB-IoT、Zigbee 等）相比，Wi-Fi6 的功耗仍然较高，这使得依赖电池供电、要求长时间运行的物联网设备更倾向于选择其他低功耗的通信协议。

②覆盖范围有限。Wi-Fi 仍是一种短距离通信技术，虽然在 2.4GHz 频段下可以提供较好的覆盖范围，但仍不足以满足那些需要覆盖大区域或远距离通信的物联网应用，例如，智能农业、环境监测等需要长距离通信的场景。

③设备成本较高。Wi-Fi 设备的制造成本较高，不适合对价格敏感的应用。

(5) Wi-Fi 的应用领域。Wi-Fi6 适合应用在大流量、高密度、功耗不敏感的场景，如智能家居、智能建筑、工业物联网、智慧城市等。

①智能家居。Wi-Fi6 为智能家居设备（如智能音箱、智能电视、安防摄像头等）提供了更高的传输速度和连接密度，支持更多设备同时在线，并减少了延迟，提升了整体用户体验。

②智能建筑。Wi-Fi6 能够高效支持建筑内部智能照明、供暖、通风和空调（HVAC）系统、门禁控制、监控摄像头等大量物联网设备的稳定、低延迟的连接。

③工业物联网。Wi-Fi6 在工业 4.0 环境中可以有效应对复杂生产线上的大规模设备连接需求，其低延迟和高可靠性能够支持工业机器人、传感器网络、远程监控和自动化设备之间的实时通信。

④智慧城市。智慧城市涵盖智能交通管理、城市监控、智能路灯、环境监测和公共安全系统等，包含大量不同的传感器和设备，Wi-Fi6 能够支持这些传感器和设备的大规模连接，确保其数据传输的稳定性，从而提升城市管理效率。

⑤公共场所与高密度环境。在体育场馆、机场、火车站、购物中心等人群密集环境，有大量设备需要同时连接到网络，Wi-Fi6 通过其先进的多用户通信技术（如 MU-MIMO、OFDMA）和更好的信道利用效率，能够支持此类环境下的设备同时在线需求。

3.2.3.2 Zigbee

（1）Zigbee 的技术演进。无线通信行业在 20 世纪 90 年代末期开始关注物联网和机器对机器（M2M）通信的需求，当时尽管 Wi-Fi 和蓝牙等技术已经存在，但它们都不完全适合低功耗和大规模设备网络。

2002 年 Zigbee 联盟（Zigbee Alliance）成立，成员包括 Philips、Motorola、Honeywell 等公司，该联盟致力于开发一种基于 IEEE 802.15.4 标准的开放无线协议，该协议被设计用于低速率无线个人区域网络（LR-WPAN）。

2003 年，IEEE 802.15.4 标准发布，这是 Zigbee 协议的基础。该标准定义了低功耗、短距离无线通信的物理层和媒体访问控制（MAC）层，支持 2.4GHz 全球 ISM 频段及 868MHz（欧洲）和 915MHz（北美）频段。Zigbee 协议则在该标准之上构建，主要扩展了网络层和应用层。

2004 年，Zigbee 联盟发布了 Zigbee 1.0 版本，这是首个正式的 Zigbee 协议版本。该版本定义了设备的网络拓扑结构、路由机制和安全机制。随着 Zigbee 1.0 的发布，Zigbee 设备逐渐应用于智能家居、安防和工业控制等领域。

2006 年，Zigbee 2006 标准发布，在原有 1.0 版本的基础上进行了改进，简化了网络层协议，增强了应用层的灵活性，使得设备之间的互操作性得到了提升。Zigbee 应用领域也从智能家居扩展到了医疗健康、楼宇自动化和照明控制等多个领域。

2007 年，Zigbee Pro 协议发布，Zigbee Pro 是 Zigbee 技术的一个升级版本，相较于之前的版本，提供了更好的网络扩展性、更高的安全性和改进的路由算法。Zigbee Pro 支持大规模网络拓扑结构，特别适用于需要数百甚至上千个设备的复杂物联网应用。

2012 年，Zigbee Light Link 协议发布，专门针对照明控制应用进行了优化。该协议简化了设备的配对和控制流程，使用户能够更加方便地创建和管理智能照明系统。Zigbee Light Link 协议的发布推动了智能照明市场的快速发展。

2015 年，Zigbee 3.0 标准发布，该版本统一了之前发布的多个 Zigbee 协议，形成了一个通用的、互操作性更强的标准。Zigbee 3.0 旨在简化开发流程，提升设备的互联互通性，进一步推动物联网应用的发展。

2019 年，Zigbee 联盟转型为“Connected Standards Alliance”（CSA），并扩展其技术范围，致力于推动更加广泛的物联网标准。与此同时，CSA 联盟与多个行业巨头如亚马逊、苹果、谷歌等合作，启动了一个新的标准项目——Project CHIP（后改名为 Matter），目的是为智能家居设备提供一个统一的、开放的标准。

2021 年，Matter 协议正式发布，这标志着 Zigbee 联盟在物联网领域进一步整合多种标准的努力。Matter 协议的目标是简化智能家居设备的连接和控制，增强设备间的互操作性。Zigbee 技术作为 Matter 协议的重要组成部分之一，为低功耗、可靠性高的设备提供无线连接支持。

（2）Zigbee 的协议栈。Zigbee 协议栈是在 IEEE 802.15.4 标准基础上建立，如图

3-8所示，采用了IEEE 802.15.4标准的物理层和介质访问控制层，在此基础之上定义了自己的网络层、应用支持子层和应用层。

①物理层（PHY）。负责实际的无线电传输和接收，它定义了射频（RF）信号的物理特性，如频率、调制方式和传输功率。Zigbee使用IEEE 802.15.4标准，该标准规定了2.4GHz、900MHz和868MHz频段的操作。

②介质访问控制层（MAC）。处理介质访问控制，负责协调和管理设备之间的数据传输，以及处理与网络同步相关的任务。

③网络层（NWK）。网络层负责路由、寻址和组网管理，包括路由表的动态更新与维护、管理设备加入和离开网络、实现多跳路由等。

④应用支持子层（APS）。应用支持子层提供应用和网络层之间的接口，管理绑定表（用于设备之间的直接通信）、提供数据加密和解密功能、处理组播和单播消息。

⑤应用层（APL）。是Zigbee协议栈的最高层，包含应用对象（应用程序）和Zigbee设备对象（ZDO）。应用对象实现具体的应用功能，如传感器数据采集、灯光控制等。设备对象管理设备的基本功能，如设备发现、服务发现和网络管理。

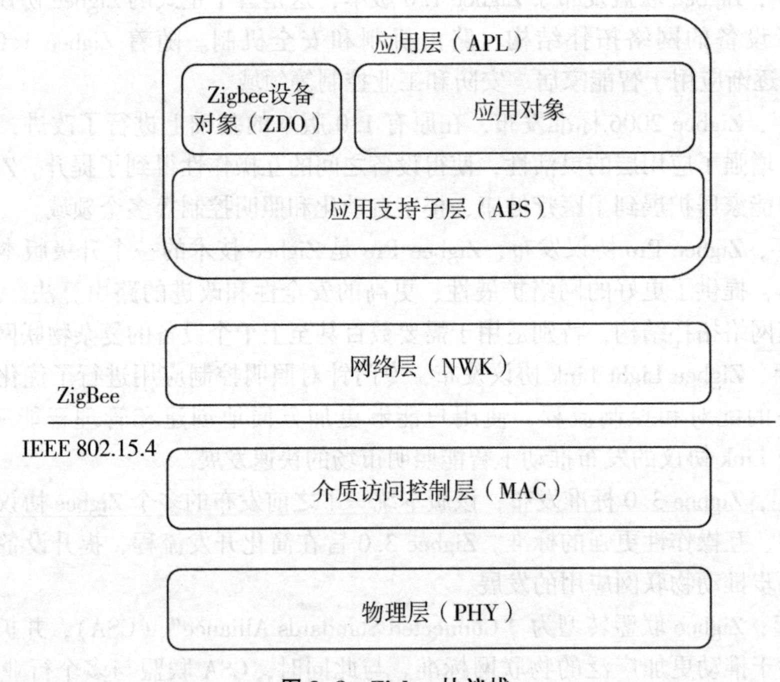

图3-8　Zigbee协议栈

（3）Zigbee的优势。Zigbee在低功耗、低数据速率的应用场景中具有许多优势。

①低功耗。Zigbee设备的能耗非常低，在电池供电的情况下通常能够工作多年，使其非常适合那些需要长时间运行、但电力供应有限的设备，如传感器、智能家居设备和可穿戴设备。

②自组织网状网络（Mesh Networking）。Zigbee支持自组织的网状网络结构，允许设备之间互相通信，无须中央集线器或路由器。即使某些节点失效，数据也可以通过其

他节点绕道传输，提高了网络的可靠性。

③低成本。Zigbee 芯片的成本较低，协议本身设计轻量化，也降低了设备制造和开发的成本，非常适合大规模部署和消费级物联网（IoT）设备场景。

④兼容性。Zigbee 基于全球统一的 IEEE 802.15.4 标准，具备良好的兼容性，许多制造商的设备都能够基于该标准实现互操作，使得 Zigbee 设备在全球范围内通用。

⑤安全性。Zigbee 提供多层次的安全保护，包括 AES-128 加密、网络层和应用层的安全机制，保证了数据传输过程中的机密性和完整性，能够适应安全性要求较高的应用场景。

（4）Zigbee 的不足。

①数据传输速率低。Zigbee 的设计初衷是面向低功耗和低数据速率的应用场景，其最大传输速率仅为 250kbps（在 2.4GHz 频段）。因此，它并不适合需要大数据量传输的应用。

②通信距离有限。Zigbee 的通信范围较小，一般情况下有效传输距离在 10～100m（视环境而定）。虽然 Zigbee 支持网状网络以扩展覆盖范围，但在单跳的情况下，距离仍然是一个限制。此外，Zigbee 信号障碍物穿透能力较弱，可能会影响其在建筑物内部的通信性能。

③网络维护复杂。虽然网状网络能够增强网络的可靠性和扩展性，但随着网络节点的增加，网络的管理和维护将变得复杂。

（5）Zigbee 的应用领域。Zigbee 制造成本较低，没有许可费用或专利费，适合在家庭自动化、工业控制和传感器网络等场景应用。

①智能家居。Zigbee 网络可以控制灯光、门锁、烟雾探测器、风扇、家电等。Zigbee 已经被大多数大型智能家居生态系统提供商采用，包括 Amazon Echo Plus、Samsung SmartThings 和 Signify（前身为 Philips Lighting）。全球范围内，数以亿计的 Zigbee 产品被应用于智能家居和建筑中。

②工业自动化。在生产线中，通过部署 Zigbee 传感器节点，可以实时监测设备的运行状态、温度、湿度等参数，并将数据上传至云端平台进行分析和处理，从而实现对生产过程的精确控制和管理。

③医疗健康。患者可以佩戴传感器，通过无线收集心率、血压和血糖水平等生命体征数据传输到医院。

3.2.3.3 BLE

（1）BLE 的技术演进。早期的蓝牙版本（如 Bluetooth1.1、1.2、2.0）主要专注于高数据传输速率、音频传输和设备配对，广泛用于手机、耳机、电脑和其他消费电子设备中，这些版本的蓝牙通信功耗较高，不适合电池供电的小型设备。

物联网的崛起使得市场对低功耗无线技术的需求日益增加。为此，诺基亚公司开发了一个称为 Wibree 的低功耗无线通信技术，旨在解决标准蓝牙功耗过高的问题。2006 年，Wibree 首次发布，后来被整合到蓝牙协议中。

2010 年，蓝牙 4.0 标准发布，正式引入了蓝牙低功耗（Bluetooth Low Energy，BLE），又称作 Bluetooth Smart。这一标准针对低功耗设备设计，尤其适用于物联网设备，如传感器、健身设备、智能手表等。这一版本支持高效能和长续航，但数据传输速率相对较低。

2010—2015年，BLE逐渐普及，成为智能设备通信的关键技术之一。各大智能手机制造商（如苹果和安卓）都在其设备中集成了BLE功能，在可穿戴设备、智能家居、医疗设备等领域，BLE成为标准协议。

2013年，蓝牙4.1标准发布，引入了改进的设备互联性和更好地支持多连接设备的能力，同时增强了与LTE的兼容性。

2014年，蓝牙4.2标准发布，进一步提升了隐私保护和数据传输速度，并引入了IPv6支持，使得BLE设备能够直接连接到互联网。

2016年，蓝牙5.0标准发布，大幅提升了BLE的传输距离（达数百米）、数据速率（达到2Mbps）和广播容量，使得BLE能够支持更广泛的应用场景，如智能城市、工业物联网和智能交通系统（ITS）。

2019年，蓝牙5.1标准发布，引入了方向查找功能，增强了定位能力。这一特性使得BLE在室内定位和导航等应用中变得更加实用。

2020年，蓝牙5.2标准发布，引入了LE Audio，一种基于BLE的新音频传输标准，支持更低功耗的音频传输、更高质量的音频体验，以及多设备的音频共享。

2021年，蓝牙5.3标准发布，对功耗管理和安全性进行了改进，同时提升了设备间的连接效率，进一步增强了BLE在各种应用中的表现。

（2）BLE的协议栈。如图3-9所示，BLE协议栈分为3个大层：控制器层、主机层和应用层。控制器层又分为物理层、链路层、主机控制接口。主机层又分为逻辑链路控制和适配协议、安全管理协议、属性协议、通用访问配置文件、通用属性配置文件。应用层包括应用程序、服务和配置文件等。

①物理层（Physical Layer，PHY）。定义了BLE在2.4GHz ISM频段中的射频特性，包括发射功率、信道选择和接收灵敏度。BLE使用了“频率跳变扩频（FHSS）”技术，共有40个通信信道（经典蓝牙使用79个频道），每个信道带宽2MHz，其中37个作为数据信道，3个用于广播。

②链路层（Link Layer，LL）。该层是整个BLE协议栈的核心，链路层负责设备之间的无线连接建立、维护和终止。包括连接建立、信道选择、设备寻址、错误检测与纠正，以及主从架构管理等。

③主机控制接口（Host controller interface，HCI）。主机控制接口是可选的，主要用于2颗芯片实现BLE协议栈的场合，用来规范两者之间的通信协议和通信命令等。

④逻辑链路控制和适配协议（Logical Link Control and Adaptation Protocol，L2CAP）。负责在不同的上层协议（如ATT、SM）和链路层之间进行数据传输的适配。它为多个协议通道提供了多路复用、分片和重组功能，保证上层协议可以高效使用底层通信。

⑤安全管理协议（Security Manager Protocol，SMP）。负责处理BLE中的加密和安全性问题，包括配对、身份验证和加密密钥的生成。它支持多种配对方法，如基于密码的配对、加密键交换和设备认证，以保护数据的安全性。

⑥属性协议（Attribute Protocol，ATT）。负责定义和传输 BLE 设备上的数据项（称为属性），每个属性都有唯一的句柄、类型和权限，ATT 定义了客户端和服务器之间的数据访问方式，开发者接触最多的就是 ATT。

⑦通用访问配置文件（Generic Access Profile，GAP）。GAP 定义了 BLE 设备如何进行广播，扫描和发起连接等。它规范了设备的广播和扫描行为，并定义了四种主要角色：广播者（Broadcaster）、观察者（Observer）、从设备（Peripheral）和主设备（Central）。GAP 还负责管理设备名称、可连接性等信息。

⑧通用属性配置文件（Generic Attribute Profile，GATT）。BLE 中用于定义设备如何组织和提供数据的核心协议。它定义了数据格式和服务的层级结构，BLE 设备通过 GATT 服务和特征值来进行交互。常见的服务包括心率服务、电池服务等。

⑨应用层（Application）。在蓝牙系统中，应用程序的互操作性是通过蓝牙配置文件实现的，配置文件定义了各层之间的垂直交互，以及设备之间特定层的对等交互。一个配置文件由一个或多个服务组成，一个服务由特征或对其他服务的引用组成，任何配置文件或应用程序都运行在 BLE 协议栈的 GAP/GATT 层之上。

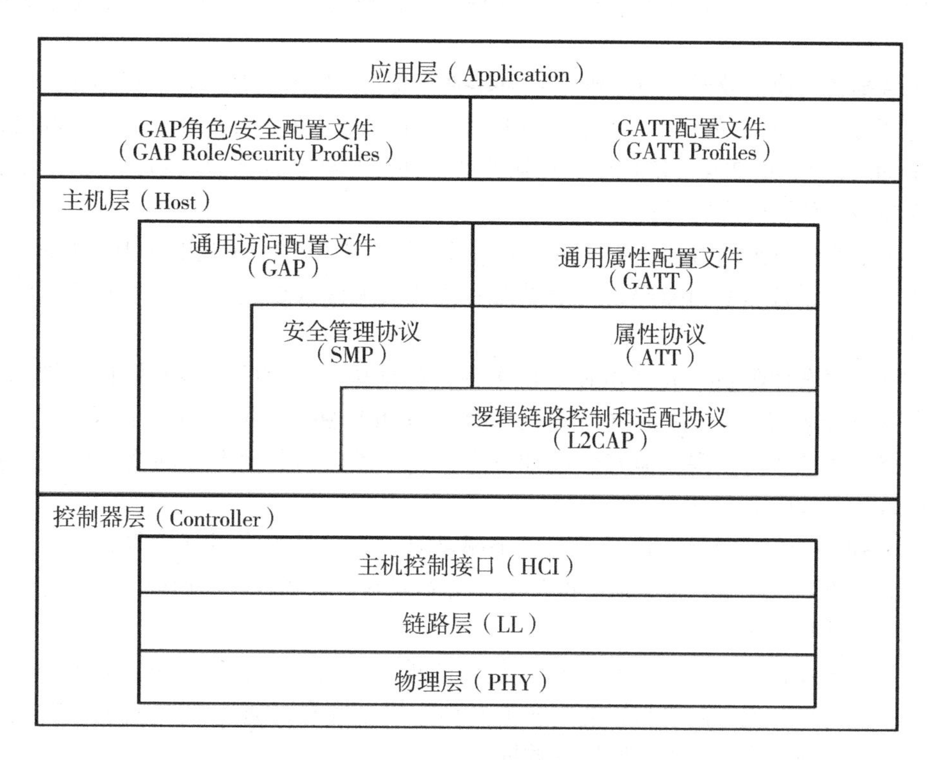

图 3-9　BLE 协议栈结构

（3）BLE 的优势。蓝牙已经成为物联网领域应用最广泛的连接技术，根据 IoT Analytics 发布的调查数据，2023 年全球 25% 的物联网连接依赖于蓝牙。BLE 的主要优势有：

①极低的功耗。BLE 设备在空闲或低数据传输情况下的功耗非常低，因为主设备

和从设备都可以在传输之间进入深度睡眠模式，主设备会告知从设备跳频序列和何时唤醒，此特性非常适合需要长期运行且不需频繁通信的设备。

②快速连接和低延迟。BLE 连接建立速度快，适合需要频繁建立和断开连接的应用。此外，BLE 的数据传输延迟较低，可以满足一些对实时性要求较高的应用场景。

③抗干扰能力强。使用 2.4GHz 频段进行跳频，可以抵抗干扰，此外，广播信道的选择与 Wi-Fi 信道频率不同，以避免 Wi-Fi 和蓝牙设备之间的干扰。

④成本效益好。BLE 模块的成本较低，并且其低功耗特性可以减少电池更换或充电的频率，从而降低了总体拥有成本（TCO）。这对于大规模部署的 IoT 设备尤为重要。

⑤良好的兼容性。BLE 是蓝牙技术的一部分，兼容蓝牙 4.0 及以上版本的设备。

⑥较好的安全性。BLE 支持多种安全机制，如配对、加密和身份验证，以保护数据传输的安全性。

⑦灵活的拓扑结构。BLE 支持多种网络拓扑，如点对点连接、广播模式和网状网络（Mesh Network），使得 BLE 可以适应从简单的设备连接到复杂的多设备网络等不同应用需求。

（4）BLE 的不足。BLE 作为一种低功耗协议，有与 Zigbee 类似的传输速率和距离不足。

①数据传输速率较低。与经典蓝牙和其他无线通信技术（如 Wi-Fi）相比，BLE 的传输速率较低。BLE 的最大理论传输速率为 1Mbps（Bluetooth 4.0/4.1）和 2Mbps（Bluetooth 5.0），但在实际应用中，传输速率往往会受到多种因素限制，因此不适合需要大规模数据传输的应用场景。

②传输距离有限。BLE 有效传输距离通常较短，典型的传输范围在 10~50m，具体取决于环境、设备功率和障碍物。如果需要覆盖较大区域或进行远距离通信，BLE 不是最佳选择。

③网络复杂性限制。虽然 BLE 支持多种拓扑结构，但它的网络架构相对简单，不适合非常复杂或高节点密度的网络应用。即使是 BLE Mesh（蓝牙网状网络），虽然提高了网络设备的数量上限，但其性能和可靠性仍然难以与其他专业的物联网通信技术（如 Zigbee 或 LoRa）相比。

（5）BLE 的应用领域。由于 BLE 具有低功耗、高兼容性和灵活性等特性，在众多领域得到了推广，除了智能家居、医疗健康等物联网常见场景，还形成了室内定位、智能标签等一些特色应用。

①可穿戴设备。可穿戴设备是 BLE 技术的重要应用领域之一，如智能手表、智能眼镜等。这些设备通常需要与智能手机或其他主设备配对，通过 BLE 实现低功耗的数据同步，如心率、步数、睡眠监控等数据。

②智能家居。涵盖智能灯泡、智能锁、温控器、家电控制等。这些设备通常通过 BLE 连接到智能手机或智能中控系统，实现远程控制、状态反馈和自动化操作。

③医疗健康。如便携式血压计、血糖仪、体重秤、心率监测器等。BLE 的低功耗和快速连接特性，使得这些设备能够长时间工作并与智能手机或云平台进行数据传输。

④定位服务。蓝牙信标（BLE Beacon）在室内定位和导航方面得到了广泛应用。

通过部署 BLE 信标，可以实现室内定位、路径引导、用户行为分析等功能，广泛用于商场、博物馆、机场等场所，为用户提供个性化信息推送和定位服务。

⑤智能工业和资产管理。在工业领域，BLE 技术被用于设备状态监测、工人位置追踪、资产管理等。通过 BLE 传感器监控设备运行状态、工人健康情况，并进行数据实时传输和分析，提高生产效率和安全性。

⑥车联网与智能交通。BLE 在汽车领域应用于车内设备连接和通信，如智能钥匙、车辆与手机的互联控制、乘客信息系统等。通过 BLE，可以实现车辆与用户设备的无缝连接，提供更多智能化服务。

⑦零售业与市场营销。BLE 在零售和市场营销领域的应用主要体现在精准广告推送和购物体验提升。通过 BLE 信标，可以根据顾客的位置信息和偏好，在特定位置推送定制化的广告和促销信息，提高顾客的购物体验。

⑧智能标签。智能标签是一种使用蓝牙低功耗技术的设备，可以将这个小型标签附在用户喜欢的任何东西上，它会通过 BLE 与手机通信，让手机追踪其位置，可用来制作防丢器等产品，典型产品如 Tile（https：//www. tile. com/）。

⑨音频和娱乐设备。5. 2 及以上版本的 BLE（如 Bluetooth LE Audio）支持音频传输，使得 BLE 技术能够用于无线耳机、助听器等音频设备。与传统蓝牙相比，BLE Audio 具有更低的功耗和更高的音频质量。

3. 2. 3. 4 LoRa

LoRa 是 Semtech 公司开发的一种低功耗局域网无线标准，其名称“LoRa”是远距离无线电（Long Range Radio）的简称，它最大的特点就是在同样的功耗条件下比其他无线方式传播的距离更远，实现了低功耗和远距离的统一。

（1）LoRa 的技术演进。2009 年，法国的一家名为 Cycleo 的公司开发了一种名为“Chirp Spread Spectrum”（CSS）的无线通信技术，这种技术具有传输距离远、低功耗和高抗干扰能力等优势，非常适合物联网（IoT）应用。

2012 年，Semtech 收购了 Cycleo 公司，获得了 CSS 技术的专利和知识产权，随后 Semtech 将这种技术商业化，并命名为 LoRa。

2015 年，LoRa 联盟（LoRa Alliance）成立，旨在推广和标准化基于 LoRaWAN（LoRa Wide Area Network）的技术，创始成员包括 Semtech、IBM、Cisco 等公司。同年，LoRaWAN1. 0 由 LoRa 联盟发布，这是 LoRaWAN 协议的第一个正式版本，定义了网络架构、设备类别、传输模式、安全机制、接入与认证、频段与信道、帧结构与数据格式等内容。

2016 年 2 月，LoRaWAN1. 0. 1 发布，对 1. 0 版本进行了优化和修订，针对早期用户的反馈，改进了协议的可操作性和稳定性，修正了关于 MAC 命令、设备类切换等方面的一些不清楚的表述。

2016 年 7 月，LoRaWAN 1. 0. 2 发布，在保证向后兼容的基础上增加了新的功能，主要修改包括：对不同地区的频谱规划做了更新；改善了网络中的安全机制，增加了对 AES 加密的支持细节；简化了设备的激活流程。

2017 年，LoRaWAN 1. 1 发布，这是对 LoRaWAN 1. 0 协议的一次重大更新，主要针对安全性、可扩展性和移动性做了改进。

2018 年，LoRaWAN 1.0.3 发布，此版本回归对 1.0.x 系列的改进，主要目的是为 LoRaWAN 1.0 设备提供长期支持，在 1.0.2 基础上做了小幅改进，修复了部分兼容性问题，并增强了对设备和网络服务器之间通信的支持。

2020 年，LoRaWAN 1.0.4 发布，进一步提升了协议的稳定性，并扩展了对更多地区频段的支持（如亚太地区）。此外，还改进了设备和网络的互操作性，简化了设备的入网流程和认证机制，使得物联网设备的部署更加容易和高效。

（2）LoRa 的协议栈。如图 3-10 所示，LoRa 协议栈主要包括以下方面。

①物理层。这是 LoRa 技术的核心，负责无线信号的传输、调制与解调。它通过特有的 CSS 调制技术来实现远距离、低功耗和高抗干扰能力的通信特性。区域 ISM 频段（Regional ISM Band）是不同国家和地区提供的免授权工业科学医学（Industrial Scientific and Medical，ISM）频段，ISM 频段各国并不统一，LoRa 协议针对不同区域规定了支持的频率范围，如欧洲使用 868MHz 和 433MHz 频段，美国使用 915MHz 频段。LoRa 在我国支持的频段为 470~510MHz 频段，这是工业和信息化部公告 2019 年第 52 号中规定的“无线传声器”频段。

②数据链路层。管理设备与网关之间的通信，包括发送和接收数据、纠错和链路层控制，以及设备的入网和认证。设备被分为 3 类：Class A、Class B 和 Class C。Class A 设备仅在上行消息（设备发送数据）后开启下行窗口（接收数据），最节能。Class B 设备定时唤醒接收下行数据，支持定时帧。Class C 设备始终处于接收状态，功耗较高。

③应用层。处理设备和应用服务器之间的实际数据传输。

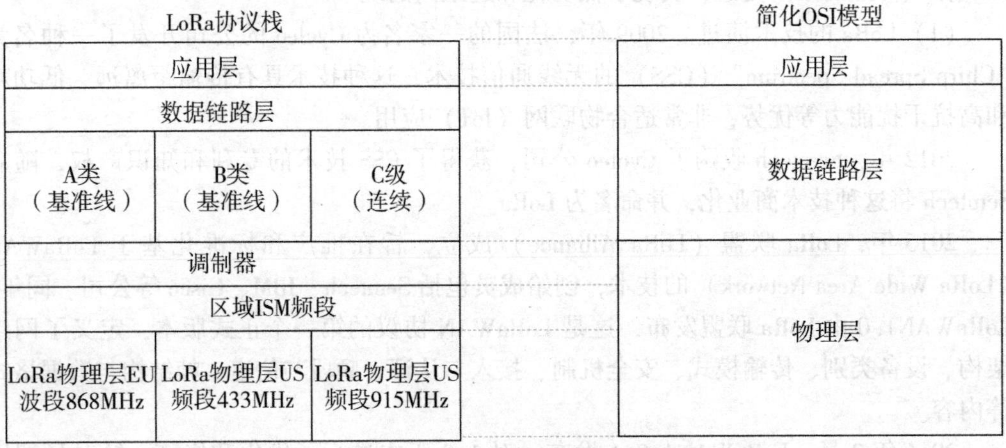

图 3-10　LoRa 协议栈

（3）LoRa 的优势。LoRaWAN 作为一种专为广域物联网应用设计的低功耗广域网络（LPWAN）协议，实现了功耗、通信距离和成本的良好平衡，主要优势有：

①通信距离远。得益于扩频调制和前向纠错码的增益，LoRa 可以取得大约 2 倍蜂窝技术（手机）的通信距离。LoRaWAN 可以在城市环境中实现几千米的通信范围，在农村或开阔地带甚至可以达到几十千米。

②功耗低。LoRa 设备的功耗非常低，能够使用电池供电数年，非常适合需要长时间运行且难以频繁更换电池的应用场景。LoRa 应用最广的是 Class A 型设备，采用异步通信，仅当它需要发送数据时，才发起通信，省去了唤醒侦听的电能。

③低成本。Semtech 公开了网关和终端的软硬件设计，这极大地降低了开发成本。此外，LoRaWAN 工作在 ISM 免费频段，没有频段税费。

④高容量。LoRa 是扩频调制技术，不同扩频因子的无线电信号是正交的，提升了通信容量，一个 LoRaWAN 网络能轻松连接上千，甚至上万设备。

⑤安全性。LoRaWAN 是第一个提出双重加密的物联网。应用层数据由 AppSKey（应用会话密钥）进行 128AES 加密，即使数据通过网络服务器，也不会暴露给网络运营商或其他中间人。网络层由 NwkSKey（网络会话密钥）进行 128AES 加密和解密，保证了数据在网络中传输时不会被第三方窃听和篡改。

⑥开放标准。LoRa 技术是开放的标准，由 LoRa 联盟推广和维护，这使得设备和系统之间的互操作性更好，并且有利于生态系统的发展和创新。

（4）LoRa 的不足。在传输速率、实时性等方面，LoRa 仍存在一些不足。

①传输速率低。LoRaWAN 的传输速率较低，通常在 0.3～50kbps，不适合需要高带宽的应用。

②不适合实时通信。LoRa 技术由于其低功耗设计，不适合要求即时响应和高频率数据传输的应用场景，如视频传输或实时语音通信。由于采用 ALOHA 协议，LoRaWAN 在网络负载高时还可能会出现高延迟和数据碰撞问题。

③频谱限制。LoRaWAN 运行在免许可的 ISM 频段，频谱资源有限，可能会受到其他设备干扰。

（5）LoRa 的应用领域。LoRaWAN 非常适合需要长距离、低功耗和大量设备接入的物联网应用，如智能抄表、智慧农业、智慧城市等。

①智能抄表。水、电、气表的远程抄表是 LoRaWAN 的经典应用场景之一。LoRaWAN 设备可以通过远程抄表，将实时数据上传到云端，实现自动化管理。

②智慧农业。可用于气象和土壤监测、精准灌溉、牲畜定位等场景，实现农业生产的智能化和精细化管理。

③智慧城市。通过 LoRaWAN 可以实现：实时监控停车位的占用状态，并将数据上传到云端，进行智能停车管理；监控垃圾箱的填满状态，优化垃圾收集路线，提高城市卫生管理效率；远程控制路灯的亮度和开关状态，实现节能和远程监控。

④工业物联网。用于远程设备监控、预测性维护、资产跟踪等工业物联网应用。

⑤物流和供应链。LoRa 技术可以用于货物跟踪、温度监控、仓库管理等物流和供应链管理场景。

⑥边远地区连接。在边远地区或基础设施不完善的区域（如山区、沙漠、森林等），LoRaWAN 可提供低成本的长距离通信，实现数据回传和远程监测。

3.2.3.5 NB-IoT

NB-IoT（Narrowband Internet of Things）是一种低功耗广域网技术，专为物联网设备和其他需要低数据速率和长电池寿命的应用而设计。它构建于蜂窝网络，只消耗大约

180kHz 的带宽，可直接部署于 GSM 网络、UMTS 网络或 LTE 网络，以降低部署成本、实现平滑升级。

（1）NB-IoT 的技术演进。NB-IoT 的概念最早源于对物联网设备连接需求的考虑，尤其是那些需要低功耗、低成本、广覆盖的应用场景，如智能抄表、环境监测、资产追踪等，业界开始探索如何在现有蜂窝网络基础上支持这些需求。

2014 年，华为提出了窄带技术 NB M2M（Narrowband Machine to Machine），旨在支持机器与机器之间的通信。2015 年 9 月，3GPP（第三代合作伙伴计划）在其第 72 次会议上提出了 NB-IoT 的概念，并开始就其技术规范进行讨论。

2016 年，NB-IoT 作为 3GPP Release 13 中的一部分，首次引入，该版本的设计目标是满足低功耗、广覆盖、大规模连接和低成本的物联网需求。上行峰值速率为 Single-Tone 时 16.9kbps，Multi-Tone 时 66kbps，下行峰值速率为 26kbps。

2017 年，3GPP Release 14 发布，对 NB-IoT 做了增强：提高了上行和下行速率，上行速率达到 159kbps，下行速率达到 127kbps；初版的 NB-IoT 设备仅支持静止或低速移动，Release 14 扩展了对设备的移动性支持（低速移动和漫游场景）；引入了基于蜂窝网络的定位服务，拓展了 NB-IoT 在物流追踪和资产管理中的应用；允许 NB-IoT 设备同时接收广播消息，减少了网络负载，尤其适用于固件升级等场景。

2018 年，3GPP Release 15 发布，进一步优化了 NB-IoT 的能效：引入了延长的空闲周期和下行节能模式，延长设备电池寿命；增强了网络容量，确保大规模物联网设备在网络中的稳定运行；增强了与 5G 的兼容性，为 NB-IoT 向 5G 的演进铺平了道路，确保它在 5G 网络中能够长期存在和运营。

2020 年，3GPP Release 16 发布，NB-IoT 在 Release 16 中被正式纳入 5G NR 的非独立部署架构，这意味着 NB-IoT 可以在 5G 网络中运行，充分利用 5G 核心网的优势，同时保持对 4G LTE 网络的兼容性。Release 16 还增加了对更多物联网应用场景的支持，尤其是那些需要大范围覆盖、极低功耗和大规模设备连接的应用，如智能城市和农业。

2022 年，3GPP Release 17 发布，优化了 NB-IoT 设备的电池寿命和网络覆盖能力，特别是在远距离和深度覆盖的场景下。增强了对工业物联网和智能农业等垂直领域物联网的支持能力。增强了 NB-IoT 与其他蜂窝物联网技术，如 LTE-M 和 5G NR 的无缝共存与互操作性。

（2）NB-IoT 的协议栈。如图 3-11 所示，NB-IoT 协议栈分为用户面和控制面，在用户面上，LTE-NB 协议栈包括 PHY、MAC、RLC 和 PDCP 层。在控制面上，LTE-NB 协议栈包括 PHY、MAC、RLC、PDCP、RRC 和 NAS 层。

①物理层（PHY 层）。NB-IoT 的物理层主要负责数据的传输和接收，其特征是支持窄带操作（180kHz），并进行频谱和能量效率优化。NB-IoT 的物理层与 LTE 物理层非常相似，但针对低数据速率、低功耗和增强覆盖进行了优化。物理层由物理信号和物理信道组成。物理信号用于系统同步、小区识别和信道估计。物理信道用于从更高层进行传输控制、调度和用户负载处理。NB-IoT 在下行链路中使用正交频分多址（OFDMA，子载波间隔为 15kHz），在上行链路中使用单载波频分多址（SC-FDMA，Single-Tone 时为 3.75kHz，Multi-Tone 时为 15kHz）。

②MAC 层（Medium Access Control Layer）。主要负责数据传输中的资源调度、随机接入控制和错误校正，NB-IoT 的 MAC 层是从 LTE 的 MAC 层简化而来，减少了信道资源管理的复杂性。

③RLC 层（Radio Link Control Layer）。负责数据流的分段、重组和重传，NB-IoT 的 RLC 层支持透明模式（TM）、非确认模式（UM）和确认模式（AM）。透明模式适用于传输语音，非确认模式适用于传输流媒体流量，确认模式适用于传输 TCP 流量。

④PDCP 层（Packet Data Convergence Protocol Layer）。用于数据压缩、加密和完整性保护，NB-IoT 的 PDCP 层主要简化了数据压缩和加密操作，以适应低数据速率和低复杂度设备需求。

⑤RRC 层（Radio Resource Control Layer）。负责控制信令的处理，包括无线资源的配置和重配置、小区选择和重选、设备状态控制等。NB-IoT 的 RRC 层经过了简化，降低了信令开销。

⑥NAS 层（Non-Access Stratum Layer）。位于核心网和用户设备之间，负责会话管理、用户注册、鉴权、寻呼和移动管理等功能。

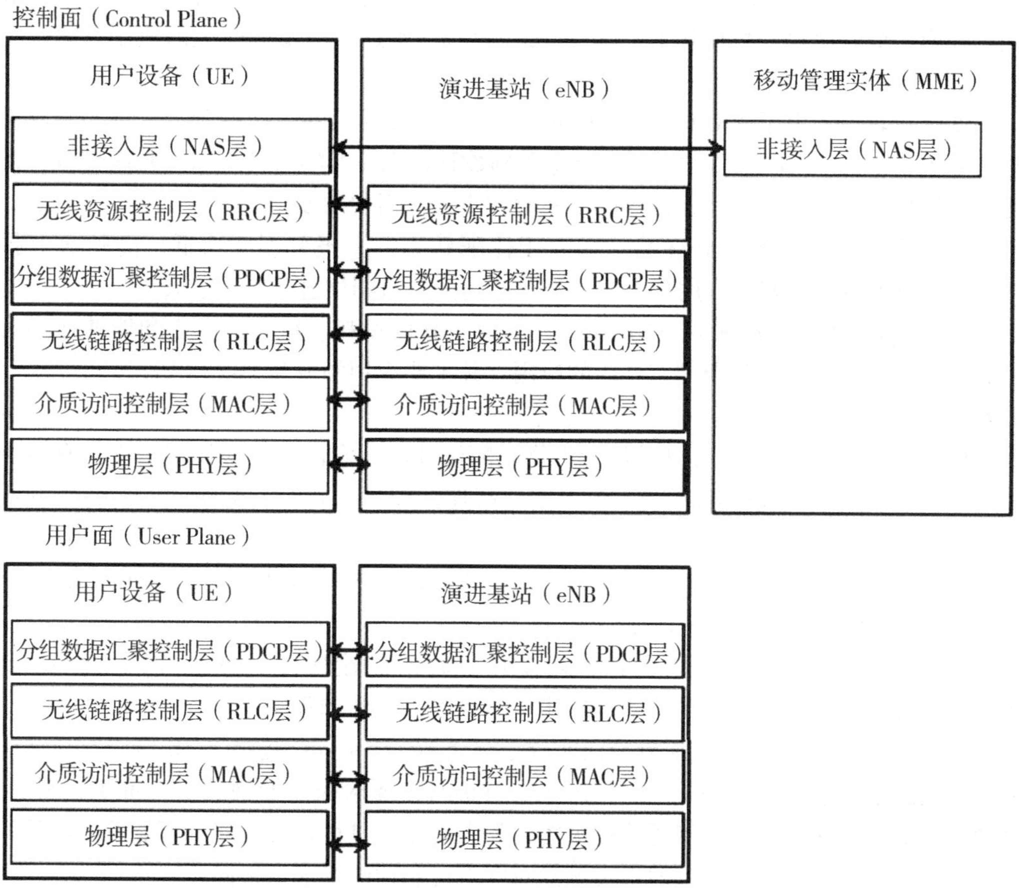

控制面（Control Plane）

用户设备（UE）	演进基站（eNB）	移动管理实体（MME）
非接入层（NAS层）		非接入层（NAS层）
无线资源控制层（RRC层）	无线资源控制层（RRC层）	
分组数据汇聚控制层（PDCP层）	分组数据汇聚控制层（PDCP层）	
无线链路控制层（RLC层）	无线链路控制层（RLC层）	
介质访问控制层（MAC层）	介质访问控制层（MAC层）	
物理层（PHY层）	物理层（PHY层）	

用户面（User Plane）

用户设备（UE）	演进基站（eNB）
分组数据汇聚控制层（PDCP层）	分组数据汇聚控制层（PDCP层）
无线链路控制层（RLC层）	无线链路控制层（RLC层）
介质访问控制层（MAC层）	介质访问控制层（MAC层）
物理层（PHY层）	物理层（PHY层）

图 3-11　NB-IoT 协议栈

（3）NB-IoT 的优势。作为一种低功耗广域网技术，NB-IoT 的主要优势有：

①低功耗。NB-IoT 引入了超长 DRX（非连续接收）省电技术和 PSM 省电态模式，对于终端功耗的目标是：基于 AA（5 000 mAh）电池，使用寿命可超过 10 年。适用于需要长期部署且频繁更换电池不便的应用场景，如智能水表、智能气表等。

②深度覆盖。NB-IoT 比 LTE 和 GPRS 基站提升了 20dB 的增益，相当于提升了 100 倍覆盖能力，不仅可以满足农村这样的广覆盖需求，对于厂区、地下车库、井盖这类对深度覆盖有要求的应用同样适用。

③低成本。NB-IoT 终端采用窄带技术，基带复杂度低，只使用单天线，采用半双工方式，射频模块成本低。此外 NB-loT 使用了现有的蜂窝网络基础设施，减少了额外的网络建设成本。

④大连接数。一个 NB-IoT 基站可以支持数十万的连接，非常适合大规模物联网部署。

（4）NB-IoT 的不足。为了追求低功耗远距离传输，NB-IoT 在传输速率、延时等方面作出了牺牲。

①低数据速率。NB-IoT 的设计初衷是适用于低带宽需求的应用场景，其数据传输速率较低，最高速率一般在几十 kbps 到几百 kbps，不适合需要高带宽的应用，如视频监控等。

②延迟较高。由于 NB-IoT 的节能设计，其数据传输存在一定的延迟，首次入网连接需要 10s 左右，入网后传输时延在百毫秒到数秒以内。其实时性不如一些高带宽、低延迟的通信技术，限制了其在某些需要实时响应的应用中的使用。

③低数据频次。大部分终端长期处于休眠状态，上报数据频次低。高频次上报（如 30min），对网络容量占用越大，上报频次越高，对网络容量影响越大。

（5）NB-IoT 的应用领域。NB-IoT 技术由于其低功耗、覆盖范围广和能够连接大量设备的特性，在各行各业都有广泛的应用，其主要应用领域与 LoRa 相似。

3.2.3.6 5G

5G 技术在一定程度上可以说是专为物联网设计的，它的三大应用场景中，有两个跟物联网有关。5G 通过其高带宽、低延迟、高连接密度的特性，为物联网的各个领域提供了更多创新应用场景。

（1）5G 的三大应用场景。包括增强型移动宽带（eMBB）、低时延高可靠（URLLC）、海量大连接（mMTC）。

①增强型移动宽带。5G 技术显著提升了数据传输速度，最高可达 15Gbps 到 20Gbps，使得用户能够迅速访问远程应用中的数据、文件和程序。

②低时延高可靠。5G 在时延方面实现了显著改进，比 4G 提高了 10 倍以上。这一特性对于车联网、工业自动化、远程医疗等对实时性要求极高的领域至关重要。例如，车联网，如果时延较长，网络无法在极短时间内对数据进行响应，就有可能发生严重的交通事故，危害人身安全。同时这类场景对网络可靠性的要求也很高。

③海量大连接。5G 网络能够支持数百万设备的同时连接，具有高连接密度，这为智能家居、工业物联网和智慧城市提供了基础。

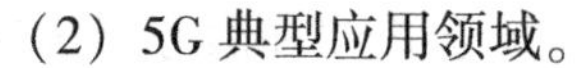

（2）5G 典型应用领域。

①智能制造和工业物联网。5G 为工厂提供了低延迟、高可靠性的连接，能够实现对生产线设备、机器人、传感器等的实时监控和管理，实现设备的预测性维护，减少停机时间，提高生产效率。

②车联网。5G 为车联网提供了超低延迟和高可靠性的通信能力，支持自动驾驶、车辆与基础设施通信（V2I）、车与车通信（V2V）、车与行人通信（V2P）等应用。

③远程医疗和健康监控。5G 的高带宽和低延迟特性使得远程医疗成为可能，例如，医生可以通过远程设备为偏远地区的患者进行实时诊断，甚至通过机器人执行远程手术。

④智慧物流和供应链管理。5G 可以实现对仓库设备、运输工具的实时管理，支持自动化物流解决方案的落地，如无人搬运车、无人机配送、货物跟踪等，降低成本的同时提高效率。

3.2.4 数据传输协议

数字农业涉及大量应用系统和海量传感器，涉及的数据传输协议广泛，尤其是传感器设备，不同厂商可能采用不同的协议，在进行数字农业应用开发时，需要对各种协议具有一定程度了解。应用系统最常见的协议是 HTTP/HTTPS，目前主流系统一般会采用 Restful 风格的接口来提供服务。传感器设备协议众多，可采用传统的 HTTP/HTTPS，以及 Web 端衍生出来的实时通信协议 WebSocket，也可采用 MQTT、CoAP 等专用协议。本节我们将重点介绍 9 种数据传输协议：HTTP、HTTPS、WebSocket、MQTT、CoAP、AMQP、XMPP、DDS、LwM2M。

3.2.4.1 HTTP

HTTP 全称是超文本传输协议（Hyper Text Transfer Protocol），是一种广泛用于互联网中浏览器与服务器之间的应用层传输协议，运行在 TCP/IP 之上，它不涉及数据包（Packet）传输，主要规定了客户端和服务器之间的通信格式，默认使用 80 端口。

（1）HTTP 特点。HTTP 的典型特点是无连接和无状态。

①无连接。指限制每次连接只处理一个请求，服务器处理完客户的请求，并收到客户的应答后，即断开连接。无连接可以节省传输时间。

②无状态。HTTP 自身不对请求和响应之间的通信状态进行保存，任何两次请求之间都没有依赖关系。即每次请求都是独立的，与前面的请求和后面的请求都没有直接联系。

（2）HTTP 历史。1991 年，HTTP/0.9 出现，这是第一个有文档记载的 HTTP 正式版本，长度不到 700 字。此时的 HTTP 协议设计简单，仅支持 GET 请求，只能发送简单的 HTML 文档，不支持请求头或响应头，缺乏多媒体支持。

1996 年，HTTP/1.0 发布，该版本开始支持 POST 和 HEAD 请求方法，引入了 HTTP 头，可以传递更多的信息（如内容类型、内容长度等），允许多种媒体类型（如图片、音频等）的传输，同时也开始支持缓存，当客户端在规定时间内访问同一网站，直接访问缓存即可。HTTP/1.0 版本的工作方式是每次 TCP 连接只能发送一个请求（默认短链接），当服务器响应后就会关闭这次连接，下一个请求需要再次建立 TCP 连接，即不支持“keep-alive”。TCP 连接的新建成本很高，因为需要客户端和服务器 3 次握手，并且开始时发送速率较慢，所以 HTTP/1.0 版本的性能比较差，随着网页加载的外部资源越来越多，这个问题就越发突出。

1997 年，HTTP/1.1 发布，相比 HTTP/1.0 版本做的最大改变就是引入了持久连接（Persistent Connection），即 TCP 连接默认不关闭，可以被多个请求复用，减少了连接建立和关闭的开销。客户端和服务器发现对方一段时间没有活动，就可以主动关闭连接（规范要求客户端在最后一个请求发送“Connection：close”，明确要求服务器端关闭 TCP 连接）。HTTP/1.1 还加入了管道机制，在同一个 TCP 连接里，允许多个请求同时发送，增加了并发性，同时新增了多种新请求方法，如 PUT、PATCH、OPTIONS、DELETE 等。现在主流浏览器使用的还是 HTTP/1.1 版本协议。

2015 年，HTTP/2.0 发布，引入多路复用技术，允许多个请求和响应在同一连接上并行进行，解决了队头堵塞的问题，并发请求的数量比 HTTP/1.1 版本大了好几个数量级。HTTP/2.0 版本中将所有的状态行和请求/响应头建成一张表，为表中的每个字段建立索引，客户端和服务端共同使用这个表，他们之间就以索引号来表示信息字段，这样就避免了 HTTP/1.0 版本的重复烦琐的字段，并以压缩的方式传输，提高带宽利用率。主流浏览器对 HTTP/2.0 的支持情况如下：Chrome 从版本 40（2015 年）开始支持，Firefox 从版本 36（2015 年）开始支持，Safari 从版本 10（2016 年）开始支持，Edge 从版本 79（2019 年）开始支持，Opera 从版本 28（2015 年）开始支持，Brave 从版本 1.0（2019 年）开始支持，Vivaldi 从版本 1.0（2016 年）开始支持。

目前 HTTP/3.0 正在发展中，与之前几个版本最大的不同是 HTTP/3.0 引入了 QUIC 协议（由 Google 提出），这是一种基于 UDP 的多路传输协议，而之前所有版本都是基于 TCP。HTTP/3.0 将具有更低的延迟和更快的加载速度。

（3）HTTP 的主要优点。

①简单易用。HTTP 协议设计简单，易于理解和实现，适合多种应用场景。

②无状态性。HTTP 是无状态协议，每个请求都是独立的，这使得服务器不需要保持用户的会话状态，从而减少了资源消耗。

③灵活性。HTTP 支持多种请求方法（如 GET、POST、PUT、DELETE 等），满足不同的操作需求。可以通过请求头和响应头传递多种信息，实现内容协商、缓存控制等功能。

④扩展性。HTTP 协议具有良好的扩展性，允许通过添加新方法、状态码和头部信息来满足不断变化的需求。

⑤支持广泛。几乎所有的浏览器和服务器都支持 HTTP 协议，形成了一个庞大的生态系统。

（4）HTTP 的主要缺点。

①无状态性。无状态性虽然是一个优点，但也意味着每次请求都需要重新传递必要的信息（如身份验证），这在某些情况下会导致额外的开销。

②安全性不足。HTTP 本身不提供加密，数据在传输过程中易受到窃听和篡改，尤其在公共网络环境中，这促使了 HTTPS 的出现。

3.2.4.2 HTTPS

HTTPS全称为超文本传输安全协议（Hyper Text Transfer Protocol Secure），HTTPS是在HTTP的基础上加入SSL，使用SSL/TLS等协议对服务器进行身份验证、加密通信内容和检测篡改，以防止欺骗、中间人攻击和窃听等攻击。

（1）HTTPS特点。HTTPS在HTTP协议的基础上增加了安全性，其主要特点就是加密和防止中间人攻击。

①加密。通过SSL/TLS协议对数据进行加密，确保数据在传输过程中的机密性，即使数据被截获，攻击者也无法轻易解读。

②完整性。使用散列算法来确保数据在传输过程中没有被篡改，任何对数据的修改都会导致接收方检测到错误。

③身份验证。通过数字证书验证服务器的身份，确保用户连接到正确的网站，而不是伪装的恶意网站，这一过程依赖于证书颁发机构（CA）来确认网站的真实性。

④防止中间人攻击：由于数据在传输过程中是加密的，HTTPS可以有效防止中间人攻击（MITM），即攻击者在用户与服务器之间窃听或篡改数据。

（2）HTTPS关键技术。HTTPS用到的关键技术有非对称加密、对称加密、散列算法、数字签名和数字证书。

①非对称加密。非对称加密使用一对密钥来加密和解密，即公开密钥（Public Key，简称公钥）和私有密钥（Private Key，简称私钥）。公钥和私钥是配对的，使用一个公钥（或私钥）加密的密文，必须采用对应的私钥（或公钥）才能解密。公钥可以公开，任何人都可以持有，而私钥必须保密，仅持有者保存。常用的非对称加密算法有RSA、DSA、ECC等。非对称加密的算法比较复杂，计算量非常大。

②对称加密。对称加密使用相同的密钥来加密和解密数据，这种加密方式效率高、速度快，适合加密大量数据。常用的对称加密算法有DES（数据加密标准）、AES（高级加密标准）等。对称加密的主要缺点是在数据传输过程中需要安全地共享密钥，以防止第三方获取密钥并解密数据。

③散列算法。散列算法是一种将任意长度的输入数据转换为固定长度输出的算法。其主要特点是相同的输入始终会产生相同的输出，而不同的输入会产生不同的输出。散列算法是单向的，即无法从散列值还原出原始数据。常见的散列算法包括MD5、SHA-1、SHA-256等。

④数字签名。数字签名是一种用于验证文档完整性和真实性的技术，它使用非对称加密算法，数字签名包括签名和验证两个主要步骤。签名阶段，发送方一般先用散列算法计算文档的散列值（摘要），然后用私钥对散列值进行加密，生成数字签名，然后将原始文档和数字签名一起发给接收方。验证阶段，接收者首先使用相同的散列算法对接收到的信息进行散列处理，生成摘要；其次，使用发送者的公钥对数字签名进行解密，以获得发送时生成的摘要，比较两个摘要，如果相同，则验证通过。

⑤数字证书。数字证书是将公钥与特定实体（如个人、组织等）相关联的电子文件。数字证书是由可信任的第三方机构（称为证书颁发机构，CA）签发的，用于证明公钥的所有权。数字证书包含了公钥、证书持有者的信息、数字签名等内容。

（3）HTTPS 工作流程。HTTPS 的工作流程如图 3-12 所示，主要包括以下步骤。

①客户端发起连接。客户端，通常是 Web 浏览器，向服务器发送 HTTPS 请求，URL 以 https：//开头，默认使用 443 端口进行通信。

②服务器返回证书。服务器收到请求后，将自己的数字证书发送给客户端。证书中包含了服务器的公钥、数字签名和其他相关信息。这需要服务器取得由受信任的证书颁发机构（CA）颁发的数字证书，且做了正确配置。

③客户端验证证书。客户端接收到服务器发送的证书后，会对证书进行验证。这个验证过程包括验证证书是否由受信任的证书颁发机构签发（通过与本地存储的受信任的根证书颁发机构进行比对），以及证书中的域名是否与目标服务器的域名相匹配。如果验证通过，客户端可以确定所连接的服务器是可信的。

④密钥协商。服务器证书验证通过后，客户端会生成一个随机的对称密钥，用于后续的数据加密和解密，该对称密钥通过服务器证书中的公钥进行加密，并发送给服务器。

⑤加密通信。服务器使用私钥解密出客户端发送的对称密钥，并与客户端之间建立起一个加密的安全通道。此后客户端和服务器之间的数据传输都会采用此密钥进行加密。

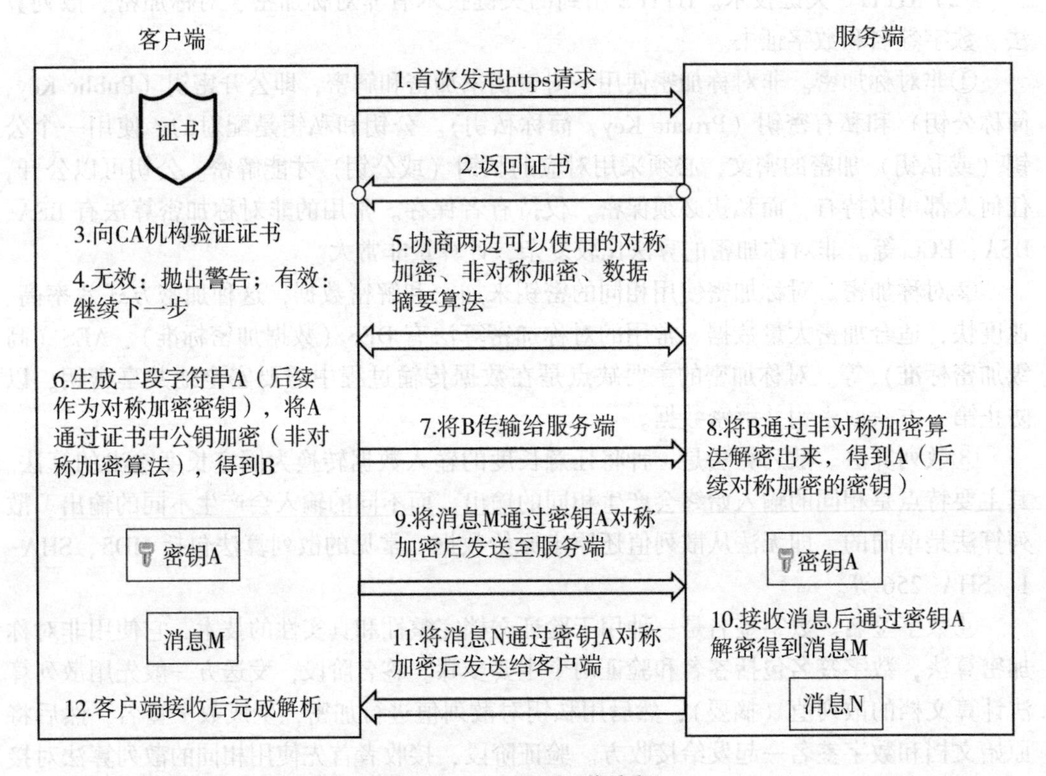

图 3-12 HTTPS 工作流程

（4）HTTPS 的主要优点。

①安全性高。一方面，HTTPS 利用数字证书来验证服务器的身份，确保用户访问的是真实、可信的网站，而不是钓鱼网站或中间人攻击的受害者；另一方面，通过加密，确保了数据在传输过程中的安全性。

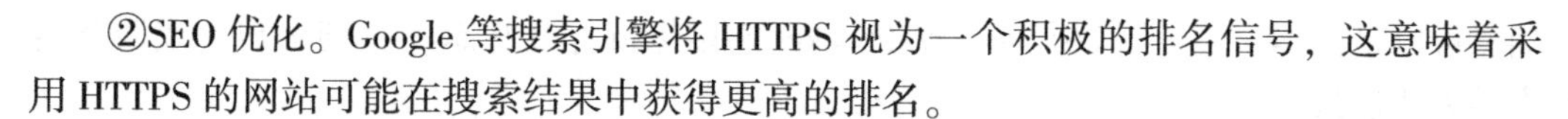

②SEO 优化。Google 等搜索引擎将 HTTPS 视为一个积极的排名信号，这意味着采用 HTTPS 的网站可能在搜索结果中获得更高的排名。

（5）HTTPS 的主要缺点。

①性能开销。HTTPS 建立连接时需要进行 SSL/TLS 握手，增加了延迟，尤其是在小文件传输时更为明显。此外，加密和解密过程也会消耗更多的计算资源。

②复杂性。配置和维护 HTTPS 相对于 HTTP 更复杂，需要每年获取和管理 SSL/TLS 证书，这可能会增加运营成本和技术要求。

③证书费用。尽管有一些免费证书，但许多企业依然选择付费证书，增加了网站运营的成本。

④不兼容旧版浏览器。一些旧版浏览器可能不支持最新的 TLS 版本，导致用户无法访问使用 HTTPS 的网站。

3.2.4.3 WebSocket

WebSocket 是一种用于在单个 TCP 连接上进行全双工通信的网络协议。它使用类似于 HTTP 的握手来建立连接，然后使用单独的持久连接来进行通信。这种方式使得 WebSocket 可以在浏览器和服务器之间进行实时通信。

（1）WebSocket 历史。2008 年，WebSocket 概念首次被提出，旨在克服传统 HTTP 的局限性。2011 年 WebSocket 被 IETF 定为标准 RFC 6455，并由 RFC7936 补充规范，同时，W3C 开始着手制定 WebSocket API，使其在浏览器中能够更方便地使用。

（2）WebSocket 工作流程。WebSocket 工作流程如下：

①客户端发起连接请求。客户端（通常是浏览器）通过 JavaScript 发起 WebSocket 连接请求，请求的 URL 通常以 ws：//或 wss：//开头（后者为加密连接），包括以下关键头部信息：

请求方法：GET

请求路径：WebSocket 服务的 URI

Upgrade：websocket

Connection：Upgrade

Sec-WebSocket-Key：一串随机生成的 Base64 编码字符串，用于身份验证

Sec-WebSocket-Version：指定 WebSocket 协议的版本（通常为 13）

②服务器响应握手。服务器接收到客户端的请求后，会进行验证并返回响应，如果支持 WebSocket，服务器将返回以下响应头：

HTTP/1.1 101 *Switching Protocols*（表示协议切换成功）

Upgrade：websocket

Connection：Upgrade

Sec-WebSocket-Accept：服务器将 *Sec-WebSocket-Key* 使用特定算法（*Base*64 编码后与 258*EAFA*5-*E*914-47*DA*-95*CA*-*C*5*AB*0*DC*85*B*11 拼接）生成的值，用于验证。

③建立连接。一旦客户端接收到服务器的 101 响应，WebSocket 连接就建立起来，此时，客户端和服务器之间可以进行双向通信。

④数据传输。连接建立后，客户端和服务器可以通 WebSocket 互相发送消息，这些

消息可以是文本、二进制数据等。WebSocket 连接保持打开状态，直到客户端或服务器主动关闭连接。

⑤关闭连接。任一方想关闭连接时，可以发送一个关闭帧（Close Frame）给对方，以通知对方关闭连接，对方响应一个关闭帧，确认关闭连接。除主动关闭外，也可以通过超时等机制来判断连接是否需要关闭。

（3）WebSocket 的主要优点。

①较少的控制开销。在连接创建后，服务器和客户端之间交换数据时，用于协议控制的数据包头部相对较小。

②实时性。WebSocket 是全双工的，所以服务器可以随时主动给客户端下发数据，与客户端轮询方式相比，延迟明显更少。

③保持连接状态。WebSocket 是一种有状态的协议，WebSocket 连接建立之后通信时可以省略部分状态信息，而 HTTP 请求可能需要每个请求都携带状态信息（如身份认证等）。

④更好的二进制支持。WebSocket 定义了二进制帧，相对 HTTP，可以更轻松地处理二进制内容。

⑤支持扩展。WebSocket 定义了扩展，用户可以扩展协议，实现部分自定义的子协议。

⑥更好的压缩效果。相对于 HTTP 压缩，WebSocket 在适当的扩展支持下，可以沿用之前内容的上下文，在传递类似的数据时，可以显著地提高压缩率。

（4）WebSocket 的主要缺点。

①兼容性。一些旧版本的浏览器不支持 WebSocket。

②安全性。WebSocket 本身不提供身份验证机制，需要结合其他安全措施（如 JWT、OAuth 等）进行身份验证。WebSocket 连接可能受到中间人攻击，因此在传输敏感数据时，推荐使用 WSS（WebSocket Secure）协议。

③调试困难。因为 WebSocket 是持久连接，调试过程中可能不如 HTTP 请求那么直观。

④服务器负载。由于 WebSocket 连接是持久的，服务器需要处理更多的连接状态，这可能会增加服务器的负担。

3.2.4.4 MQTT

MQTT 全称为消息队列遥测传输（Message Queuing Telemetry Transport）是一种轻量级的消息传输协议，基于发布/订阅范式，特别适合于低带宽、高延迟或不可靠的网络环境。它最初由 IBM 在 1999 年开发，后来成为 OASIS 的开放标准，广泛应用于物联网和机器对机器（M2M）通信中。

（1）MQTT 历史。1999 年，IBM 公司的 Andy Stanford-Clark 和 Arlen Nipper 开发了 MQTT 协议的初始版本，采用了简单的发布/订阅模型和电池友好的设计，目的是监控和控制石油管道的远程传感器和设备。

2006 年，IBM 发布了 MQTT 的最初开源实现，但此时 MQTT 并未获得广泛的关注。随着物联网的兴起，MQTT 开始被更广泛地采用，并逐渐有了更多的开源实现。2011

年，Eclipse 基金会启动了 Eclipse Paho 项目，提供了一系列开源的 MQTT 客户端库，支持多种编程语言。2012 年，Eclipse 基金会启动了 Eclipse Mosquitto 项目，提供了一个开源的 MQTT 代理（Broker）实现。

2013 年，MQTT v3.1 版本被提交给 OASIS（Organization for the Advancement of Structured Information Standards），并成为 OASIS 的一个标准化项目。OASIS 成立了一个技术委员会，负责管理和发展该协议。

2014 年，MQTT v3.1.1 成为 OASIS 标准，标志着 MQTT 的发展进入了一个新的阶段，进一步推动了开源社区对 MQTT 协议的兴趣和参与度。之后，MQTT 协议被越来越多的企业和开发者采用。

2019 年，MQTT 5.0 版本发布，提供了许多新特性，包括更好的错误处理、共享订阅、消息属性和增强的安全性。这些新特性进一步增强了协议的灵活性和可扩展性。

（2）MQTT 工作原理。MQTT 基于发布/订阅模型，有 4 个关键概念：代理、发布者、订阅者和主题。如图 3-13 所示，发布者和订阅者通过一个代理进行消息通信，而不是直接发送消息给对方。

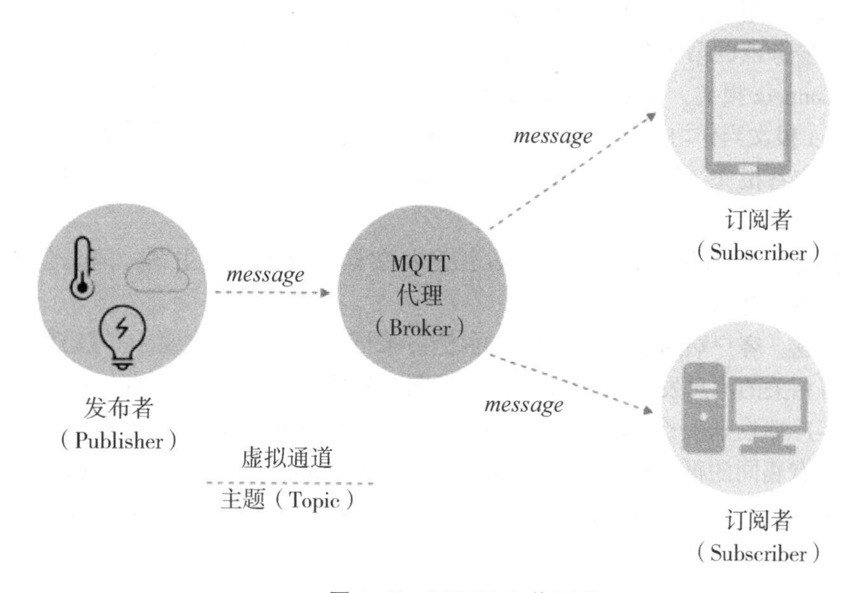

图 3-13　MQTT 工作原理

①代理（Broker）。代理服务器是 MQTT 的核心组件，负责接收发布者的消息，并将消息路由到订阅该主题的订阅者。代理可以存储订阅者和发布者的会话信息，以便在网络断开后重新连接时恢复会话状态。

②发布者（Publisher）。发布者是发送消息的客户端，它将消息发布到一个特定的主题，发布者可以选择不同的服务质量级别（QoS Levels），以控制消息的可靠传输。

QoS 0：最多一次（At Most Once），消息发送后不需要确认，消息有可能丢失，不会进行重发。

QoS 1：至少一次（At Least Once），发布者会确保消息至少被交付一次，但可能会有重复的消息。消息在发布后，发布者等待代理的确认，若未收到确认，发布者会重发该消息，直到收到确认。

QoS 2：仅一次（Exactly Once），确保消息只被接收一次。采用复杂的 4 步握手机制，防止消息重复或丢失。适用于需要严格消息传递保证的场景。

③订阅者（Subscriber）。订阅者是接收消息的客户端，它可以订阅一个或多个主题，订阅者会接收所有发布到其订阅主题的消息，也可以指定它希望接收消息的 QoS 级别。

④主题（Topic）。主题是 MQTT 进行消息路由的基础，每个消息都与一个主题相关联。主题是一个分层的字符串，类似于目录路径，使用斜杠（/）分隔，例如，home/temperature/soil。订阅者可以使用通配符进行主题订阅，例如，home/temperature/#，可以订阅所有与 home/temperature 相关的子主题。

（3）MQTT 协议工作流程。可以概括为：建立连接、发布消息、订阅主题、接收信息、取消订阅、断开连接。

①建立连接。客户端通过发送 Connect 消息与 MQTT 代理建立连接。连接请求中包含客户端标识符、用户名、密码和其他连接选项。客户端到服务器的网络连接建立后，客户端发送给服务器的第 1 个报文必须是 Connect 报文。在一个网络连接上，客户端只能发送一次 Connect 报文，如果出现第 2 个 Connect 报文，按照协议标准，服务器会将第 2 个 Connect 报文当作协议违规处理并断开客户端的连接。对于正常的连接请求，服务器必须产生应答报文，如果无法建立会话，服务器应该在应答报文中报告对应的错误代码。

②发布消息。客户端通过发送 Publish 消息将数据发布到特定主题，消息会被发送到所有订阅了该主题的客户端。

③订阅主题。客户端通过发送 Subscribe 消息来订阅感兴趣的主题。一旦订阅成功，代理会开始将相关的消息发送给该客户端。当服务器收到客户端发送的 Subscribe 报文时，必须向客户端发送一个 Suback 报文响应，同时 SUBACK 报文必须和等待确认的 Subscribe 报文有相同的报文标识符。服务器收到一个 Subscribe 报文，如果报文的主题过滤器与一个现存订阅的主题过滤器相同，那么必须使用新的订阅彻底替换现存的订阅。

④接收消息。客户端接收来自代理的 Publish 消息，根据 QoS 的设置，消息会以不同的方式送达。

⑤取消订阅。客户端发送 Unsubscribe 报文给服务器，用于取消订阅主题。服务器必须发送 Unsuback 报文来响应客户端的 Unsubscribe 请求。Unsuback 报文必须包含和 Unsubscribe 报文相同的报文标识符。即使没有删除任何主题订阅（客户端取消订阅的主题未被订阅），服务器也必须发送一个 Unsuback 响应。

⑥断开连接。客户端通过发送 Disconnect 消息主动断开连接。客户端发送 Disconnect 报文之后必须关闭网络连接，不能通过那个网络连接再发送任何控制报文。服务端在收 Disconnect 报文时必须丢弃任何与当前连接关联的未发布的“遗嘱消息”。

（4）MQTT 协议常用的代理服务器。MQTT 代理服务器是 MQTT 协议中的核心组件，以下是几种常用的 MQTT 服务器。

①Eclipse Mosquitto。这是一个由 Eclipse 基金会维护的开源 MQTT 服务器，支持 MQTT 3.1、MQTT3.1.1 和 MQTT5.0 版本。可以在各种平台上运行，包括 Windows、Linux 和 MacOS，提供了丰富的文档和社区支持。

②HiveMQ。这是一个商业化的 MQTT 代理，专注于企业级应用，支持 MQTT 3.1、MQTT3.1.1 和 MQTT5.0 版本，提供高可用性和扩展性，以及丰富的安全特性，支持集群部署，可以处理大量的并发连接。HiveMQ 有免费的社区版。

③IBM MQTT Server。这是 IBM 提供的一个 MQTT 服务器，支持 MQTT 3.1 和 MQTT3.1.1 版本。

④VerneMQ。这是一个由 Erlang 社区开发的 MQTT 服务器，支持 MQTT 3.1、MQTT3.1.1 和 MQTT5.0 版本。它具有高可用性和可扩展性，适合大规模部署，并且支持多种认证和授权机制。

⑤EMQX。这是一个由 EMQ 公司开发的 MQTT 服务器，支持 MQTT 3.1、MQTT3.1.1 和 MQTT5.0 版本。EMQX 提供了强大的扩展能力和插件系统，支持数百万级别的并发连接，提供开源版和企业版。

（5）MQTT 的主要优势。

①轻量级和低带宽占用。MQTT 设计简洁，消息头很小，可以最小化网络带宽的使用，适合在资源受限的环境中运行。

②发布/订阅模型。MQTT 使用发布/订阅消息模式，允许一个消息被发送到一个主题，并且所有订阅了该主题的客户端都会收到这个消息。这种模式解耦了发布者和订阅者，提高了系统的可扩展性和灵活性。

③质量服务等级（QoS）。MQTT 支持 3 种不同的 QoS 级别（0、1、2），可以根据场景选择不同的消息传递保障，灵活适应不同应用的需求。

④支持离线消息（持久会话）。MQTT 支持持久会话，当客户端掉线时，代理可以保存未接收的消息，等客户端重新连接时再发送。这对频繁掉线的设备非常实用，如不稳定的移动网络场景。

⑤灵活的主题系统。MQTT 的主题系统支持分层结构，并允许使用通配符进行灵活的订阅，便于实现多层级的数据过滤和管理，适合复杂的系统架构。

⑥遗嘱消息。客户端在连接到代理时可以指定一个遗嘱消息，如果客户端非正常断开连接，代理会将这个遗嘱消息发布到指定的主题。

⑦跨平台兼容性。MQTT 可以在多种平台上运行，包括嵌入式系统、服务器、移动设备等，支持多种编程语言。

（6）MQTT 的主要缺点。

①缺乏原生的消息加密和认证。MQTT 协议本身并未内置复杂的安全机制，虽然可以通过 SSL/TLS 等方式来实现加密和认证，但需要额外配置和维护，这在安全要求较高的场景下可能成为一项额外负担。

②不适合大数据传输。MQTT 协议的设计初衷是面向低带宽、轻量级数据传输，并不适合大文件或高流量数据的传输。

③单点故障问题。如果MQTT代理宕机或发生故障，所有消息发布和接收将中断。需要通过集群或冗余部署来解决代理的单点故障问题，增加了系统复杂性。

④消息保留机制有限。MQTT的保留消息功能是让最后一次发布的消息保留给新订阅者，但此功能有时无法完全满足需要全面历史数据的应用场景。消息持久化也不是MQTT的强项，不能像传统消息队列一样长期存储和检索消息。

⑤订阅/发布的不可见性。MQTT的发布者和订阅者之间的松耦合虽然带来了系统的灵活性，但有时候也会导致难以跟踪和监控消息流。调试和问题排查可能会较为复杂，尤其是在处理大规模消息分发时。

⑥需要代理的部署和维护。MQTT依赖代理来管理消息发布和订阅，需要部署和维护可靠的Broker系统，尤其是在处理大规模设备时，代理的性能和可扩展性成为瓶颈，增加了管理复杂度。

3.2.4.5　CoAP

CoAP全称为受限应用协议（Constrained Application Protocol），是专门为低功耗和低带宽的物联网设备设计的一种轻量级传输协议，它基于REST（Representational State Transfer）架构，类似于HTTP，但它底层基于UDP协议，而不是TCP。它不仅能够轻松转换为HTTP以便与Web无缝集成，同时还满足特定的要求，如多播支持、极低的开销和适用于受限环境的简洁特性。CoAP和HTTP协议一样，采用URL标示需要发送的数据，在协议格式的设计上也基本是参考HTTP协议。

（1）CoAP协议历史。物联网概念的兴起推动了对轻量级协议的需求，HTTP虽然被广泛用于互联网应用中，但由于其复杂性和对带宽的要求，不适合资源受限的物联网设备，为此，互联网工程任务组（IETF）提出了设计一个简化的协议来满足这一需求的想法。2009年，IETF成立了Constrained Restful Environments（CoRE）工作组，专门研究和开发针对受限环境的协议。

2010年，CoAP的最早版本草案发布，明确了其目标是为受限设备提供基于REST架构的轻量级协议，类似于简化版的HTTP。CoAP采用了与HTTP类似的REST风格，支持GET、POST、PUT、DELETE等方法，使得开发者可以轻松上手。CoAP的通信基于UDP协议，而非HTTP所用的TCP协议，这是因为UDP更加轻量化，适合低功耗、低延迟的场景。

2014年，IETF正式发布了RFC7252，标题为“The Constrained Application Protocol（CoAP）”，定义了CoAP的标准，这一版本的发布标志着CoAP的成熟。

2015年，RFC7641发布，标题为“Observing Resources in the Constrained Application Protocol（CoAP）”，该版本定义了CoAP的观察者模式（Observe Option），允许客户端实时订阅并接收设备状态更新，而不需要频繁轮询，大大节省了带宽。

2016年，RFC7959发布，标题为“Block-Wise Transfers in the Constrained Application Protocol（CoAP）”，该版本引入了块传输（Block-Wise Transfer）机制，该机制允许将大的CoAP消息拆分为较小的块（Block），每个块可以单独传输、确认和重传。

2018年，RFC8323发布，标题为“CoAP（Constrained Application Protocol）over

TCP, TLS, and WebSockets”，该版本定义了如何在可靠的传输层（如 TCP、TLS 和 WebSockets）上使用 CoAP。

2021 年，RFC8974 发布，标题为“Extended Tokens and Stateless Clients in the Constrained Application Protocol（CoAP）”，该版本聚焦于增强 CoAP 的令牌机制和支持无状态客户端，提高了系统的灵活性和可扩展性。

（2）CoAP 的报文结构。如图 3-14 所示，CoAP 的报文结构包括头部（固定 4 个 bytes）、Token（0~8bytes）、选项（0 个或多个）、负载（可选）

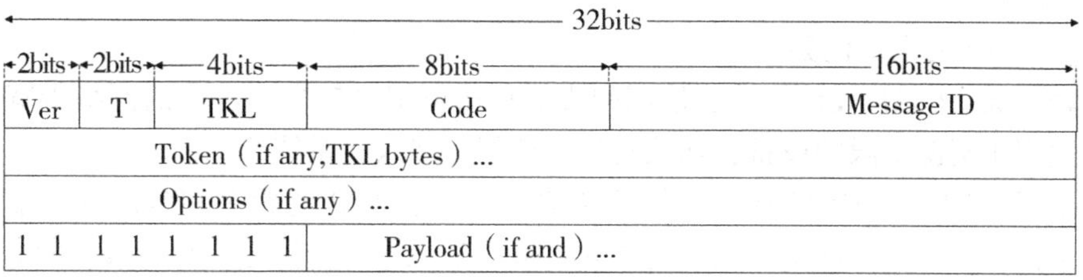

32bits

2bits	2bits	4bits	8bits	16bits
Ver	T	TKL	Code	Message ID
Token（if any,TKL bytes）...				
Options（if any）...				
1 1 1 1 1 1 1 1			Payload（if and）...	

图 3-14 CoAP 报文结构

①报头。占 4 个 bytes，共 32bits，分为 5 个部分：

Ver：2bits，版本编号，指示 CoAP 的版本号。

T：2bits，报文类型，CoAP 定了 4 种不同形式的报文，CON 报文，NON 报文，ACK 报文和 RST 报文，各报文的描述和执行的动作见表 3-18。

表 3-18 CoAP 报文类型

报文类型	描述	动作
CON 报文	需要接收方确认的消息	接收方必须对消息回复确认 Acknowledgment 或 Reset
NON 报文	不需要确认的消息	接收方可能回复 Reset
ACK 报文	对确认消息（CON 报文）的响应	可以携带 Piggybacked Response
RST 报文	用于回复收到的无法处理的报文	可通过一个空的 CON 报文触发一个 Rest，用于终端的保活检测。

TKL：4bits，Token 长度，当前有效取值 0~8，值 9~15 保留，当前当作消息格式错误处理。

Code：8bits 无符号整数，为方法码/状态码，分为两部分：3 位类（前 3 位）和 5 位细节（后 5 位）。以“c. dd”的格式记录，其中“c”是 0 到 7 之间的数字，代表 3 位子字段，“dd”是 00~31 的两个数字，代表 5 位子字段。0. XX 表示 CoAP 请求的某种方法（0. 01 对应 GET，0. 02 对应 POST，0. 03 对应 PUT，0. 04 对应 DELETE），2. XX 表示成功响应，4. XX 表示客户端错误响应，5. XX 表示服务器错误响应。

Message ID：16bits，用于唯一标识一条报文，帮助匹配请求和响应。每个 CoAP 报文都有一个ID，在一次会话中ID总是保持不变。但是在这个会话结束之后，该ID会被回收利用。

②Token。可选字段，用于匹配请求和响应。Token长度可变，最大为8bytes。

③Options。报文选项，通过报文选项可设定CoAP主机，CoAP URI，CoAP请求参数和负载媒体类型等等。报文选项可以有0到多个，一个选项后面可能跟着另一个选项，或者是负载标志位（0xFF）和负载，也可以什么也没有，报文结束。

④Payload。Payload带着一个8bits的前缀，取址0xFF，表示CoAP报文和具体负载之间的分隔符。

（3）CoAP的主要优势。

①轻量级。CoAP设计简洁，使用的头部和选项字段较少，占用的网络带宽和资源较少，适用于资源受限的设备，如低功耗传感器、嵌入式系统等。

②基于UDP。CoAP基于UDP协议传输，避免了TCP的握手和状态管理带来的延迟和复杂性，具有更好的实时性，使得它更适用于无连接、低延迟和高效率的通信。

③低能耗和低带宽消耗。CoAP针对资源受限设备和网络进行了优化，具有低能耗和低带宽消耗的特性。它使用了一些机制，如观察（Observing）和分组（Grouping），以减少通信的开销。

④采用Restful架构。CoAP采用类似HTTP的REST架构，支持GET、POST、PUT、DELETE等常见的请求方法，易于理解和实现，并且能轻松地与现有的互联网技术集成。

⑤可观察性。CoAP支持Observe机制，客户端可以订阅服务器上的资源，服务器在资源变化时主动推送更新。

⑥安全性。CoAP可以结合DTLS（Datagram Transport Layer Security）提供端到端的安全性，支持加密、认证和数据完整性。

（4）CoAP的主要缺点。

①有限的可靠性。由于CoAP基于UDP，没有内置的重传机制，因此在传输过程中可能存在丢包或重传等问题。

②缺乏广泛应用。相对于HTTP、MQTT等更成熟的协议，CoAP的生态和工具支持还不够丰富，开发者和设备制造商可能会优先选择更成熟的协议。

3.2.4.6 AMQP

AMQP全称为高级消息队列协议（Advanced Message Queuing Protocol），是一个开放标准的应用层协议，为面向消息的中间件设计。基于此协议的客户端与消息中间件可传递消息，不受客户端/中间件不同产品、不同开发语言等条件的限制。相比于MQTT和CoAP协议，AMQP更加通用且功能更强大，适用于传输较重量级的数据和对消息传输有较高要求的场景。AMOP支持消息持久化、事务，以及消息路由等高级特性，可以实现更复杂的消息传输和处理。

（1）协议历史。2003年，来自摩根大通（JP Morgan Chase）的工程师John O´Hara提出了AMQP的最初构想，他希望创建一种可以用于银行和金融行业的标准消息传递协议，以解决当时存在的兼容性和互操作性问题。

2004—2006 年，由摩根大通牵头，开始定义 AMQP，开发出了协议的几个早期版本（0~8，0~9），并且开始有了早期的实现。在此期间，红帽公司（Red Hat）和其他一些企业也加入进来，推动协议的进一步发展。

2008 年，AMQP 0-10 版本发布，相比之前版本，引入了更强大的消息模型，支持发布订阅、主题路由、内容过滤等特性。可以支持多种传输层协议，如 TCP/IP、HTTP 等，提供更大的灵活性和互操作性。同时提供了更高级的确认机制和事务支持，确保消息的可靠投递和处理。

2011 年，AMQP 1.0 版本发布，引入了更为灵活和模块化的设计，旨在支持更广泛的应用场景和使用需求。2012 年此版本被 OASIS（Organization for the Advancement of Structured Information Standards）批准成为正式标准。之后，越来越多的开源项目和商业实现开始支持 AMQP，如 Apache Qpid、RabbitMQ 等知名消息代理服务器都支持 AMQP。AMQP 在金融、电信、物联网等多个领域得到了广泛应用。

（2）工作原理。AMQP 抽象模型如图 3-15 所示，包括：生产者（Producer）、消费者（Consumer）、消息代理（Broker）、交换机（Exchange）、队列（Queue）、信道（Channel）、连接（Connection）、绑定（Binding）、虚拟主机（Virtual Host）。

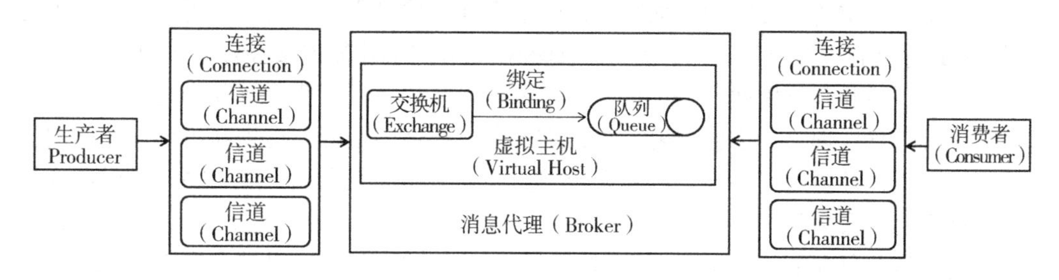

图 3-15 AMQP 核心组成示意

①生产者。消息的发送方，生产者通过 AMQP 向消息代理发送消息，生产者不需要关心消息的具体路由，只需将消息发送到指定的交换器即可。

②消费者。消息的接收者，它订阅感兴趣的消息，从消息代理中接收并处理消息。消费者可以订阅一个或多个队列，接收符合条件的消息。

③消息代理。是消息传递的核心组件，负责接收、存储和传递消息，并将消息路由到正确的目的地。消息代理可以有多个，形成一个消息代理集群，用于分布式和高可用的消息传递。

④交换机。交换机是消息的路由器，它接收从生产者发送的消息，并根据消息的路由键将消息路由到一个或多个队列中。交换器根据不同的路由策略将消息发送到不同的队列。

⑤队列。存储消息的地方，消息代理将消息发送到队列后，等待消费者从队列中取出消息进行处理。队列与一个或多个交换机绑定，以决定哪些消息会流入该队列。

⑥信道。信道是 AMQP 连接内的一个虚拟连接，用于在客户端和消息代理之间进行通信。通过信道，客户端可以创建和使用交换机、队列、绑定，发送和接收消息，而无须在每次通信时都创建新的 TCP 连接。

⑦连接。连接是客户端和消息代理之间的物理连接，客户端使用连接与消息代理进行通信，发送和接收消息。

⑧绑定。绑定是交换机和队列之间的关联关系，通过绑定，交换机将消息路由到队列中，使得生产者发送的消息能够被消费者接收。绑定通常使用路由键（Routing Key）来决定如何将消息从交换机传递到队列。

⑨虚拟主机。虚拟主机为消息代理提供了一种逻辑隔离的机制，一个虚拟主机里面可以有若干个交换机和队列，同一个虚拟主机里面不能有相同名字的交换机。

（3）AMQP 协议的主要优点。

①灵活的消息路由机制。AMQP 提供了灵活的消息路由机制，支持多种交换机类型，包括直接交换机、主题交换机、扇出交换机和头交换机等。

②可靠性和持久性。AMQP 具有消息确认机制，能够保证消息的可靠传输。提供了事务支持能力，允许在事务上下文中处理消息，确保消息传递的原子性和一致性。支持将消息、队列、交换器设置为持久化，确保在系统故障或代理重启后消息不会丢失。

③流量控制与负载均衡。AMQP 支持流量控制和负载均衡，确保系统能够处理高并发负载，而不会导致代理或消费者过载。

④安全性。AMQP 支持 TLS 加密，确保消息在传输过程中不会被窃听或篡改。支持通过 SASL 等机制进行身份验证，确保只有授权的客户端才能连接和发送消息。

⑤可扩展性和高可用性。AMQP 支持高可扩展性和高可用性，适合构建大规模分布式系统。其消息代理支持集群部署，可以在多节点环境中运行，提供高可用性和横向扩展能力。在集群环境中，消息可以跨多个节点进行复制，确保即使在单个节点故障时，消息数据仍然不会丢失。

⑥高性能与低延迟。AMQP 是一个高性能协议，在需要实时消息传递的场景下，AMQP 的高吞吐量和低延迟性能非常适合，比如金融交易系统、实时数据处理等。

（4）AMQP 协议的主要缺点。

①复杂性高。AMQP 协议设计复杂，功能丰富，覆盖了消息路由、队列、交换机等多个概念，可能不太容易理解、配置和管理。

②资源消耗较大。AMQP 提供了许多保证消息可靠性的机制，这些机制会导致网络开销增大，也增加了服务器端 CPU 和内容等系统资源的占用。

③过度依赖持久化机制。AMQP 支持消息持久化功能，用来保证在系统故障或中断时消息不会丢失。然而，持久化机制会带来额外的磁盘 I/O 开销，影响性能。

3.2.4.7　XMPP

XMPP 全称为可扩展消息和状态协议（Extensible Messaging and Presence Protocol），是一种以 XML 为基础的开放式实时通信协议，最初作为 Jabber 协议开发。XMPP 现在是 IETF 标准（RFC 6120、6121、6122），并被广泛用于即时消息、在线状态通知、VoIP、视频会议等实时通信场景。

（1）XMPP 历史。1998 年，Jabber 项目开始开发，1999 年发布了第 1 个版本，它的目标是提供一个开放标准的即时消息通信协议，以替代当时流行的即时消息系统如 ICQ、AIM 等。

2002年，IETF（互联网工程任务组）开始关注Jabber协议，并将其作为一个工作组，2004年，Jabber协议被IETF正式标准化，并更名为XMPP，发布了一系列RFC文档，包括RFC 3920（定义了XMPP核心）和RFC 3921（定义了XMPP即时消息和在线状态）。

目前，RFC 3920和RFC 3921已经废止，当前XMPP的基础规范性文档有5个：RFC 6120，2011年发布，定义了XMPP核心；RFC 6121，2011年发布，定义了XMPP的即时消息和在线状态功能；RFC 7395，2014年发布，定义了XMPP在WebSocket传输层上的绑定；RFC 7590，2015年发布，对XMPP使用TLS提供了建议；RFC 7622，2015年发布，定义了XMPP的地址格式。

（2）XMPP工作原理。XMPP是一个典型的C/S架构，这与其他大多数即时通信软件不同，他们通常使用P2P客户端到客户端的架构，其主要组成部分包括客户端、服务器和网关。

①客户端。客户端使用TCP套接字与服务器进行通信，负责解析XML信息包，理解消息数据类型。XMPP将复杂性从客户端转移到了服务器端，这使得客户端的实现和更新变得非常容易。

②服务器。服务器负责监听客户端连接，并直接与客户端应用程序通信，同时负责与其他XMPP服务器通信。XMPP开源服务器一般采用模块化设计，由各个不同的代码包构成。

③网关。XMPP设计为可以和其他即时通信系统交换信息和用户在线状况，由于协议不同，XMPP和其他系统交换信息必须通过协议的转换来实现，XMPP服务器本身并没有实现和其他协议的转换，但它的架构允许转换通过网关的形式实现。

XMPP协议的核心元素包括3种基本XML元素：<message><presence>和<iq>，分别用于即时消息传递、状态通知和信息/查询交互。

①<message>元素。<message>元素主要属性有to、from和type。to和from分别是消息接收方和发送方的ID，type是消息类型。按照RFC 6120的规定，客户端发出的具有特定预期接收者的消息必须指定to属性，客户端发送到服务器以供服务器直接处理的消息（如联系人列表处理或广播给其他实体的在线状态信息），不能指定to属性。客户端向服务器发送的message，不用指定from，因为服务器会自动添加from属性，服务器向服务器发送消息，必须指定from。<message>元素的示例代码如下：

```
<message to="to@ example. com" from="from@ example. com" type="chat">
  <body>Hello</body>
</message>
```

②<presence>元素。用于表示用户的在线状态，包括上线、下线、离开、忙碌等，主要属性也有to、from和type。该消息采用了一种专门的“广播”或“发布订阅”机制。一般而言，发布客户端应发送没有to属性的存在语句，在这种情况下，客户端连接的服务器将把该语句广播给所有订阅的实体。如果客户端发送带有to属性的状态消息，服务器将把该语句路由或传递给预期接收者。<presence>元素的示例代码如下：

```
<presence from="from@ example. com">
```

```
<show>away</show>
<status>I´m away for a while</status>
<priority>1</priority>
</presence>
```

③<iq>元素。是一种“请求—响应”机制，在某些方面与HTTP类似，IQ的语义使一个实体能够向另一个实体发出请求并接收响应，请求实体通过使用id属性来跟踪交互。IQ交互遵循结构化数据交换的常见模式，例如，get/result或set/result，示例代码如下：

```
<! --发送get请求-->
<iq from="from@ example. com" to="server. com" type="get" id="info1">
  <queryxmlns="jabber:iq:roster"/>
</iq>
<! --响应get请求-->
<iq from="server. com" to="from@ example. com" type="result" id="info1">
  <queryxmlns="jabber:iq:roster">
    <itemjid="friend@ example. com" name="Your Friend Name" subscription=
"both"/>
  </query>
</iq>
```

（3）XMPP的主要优点。

①分布式。XMPP类似于电子邮件系统（SMTP），没有中央主服务器，任何人都可以运行自己的XMPP服务器，允许多个独立的服务器互联，形成一个去中心化的通信网络。

②安全性。XMPP支持多种安全机制，包括TLS加密和SASL认证，确保通信的私密性和数据完整性。

③可扩展。XMPP是一个开放标准，其核心协议是公开的，任何人都可以开发基于XMPP的应用程序或扩展协议（XEP，XMPP Extension Protocols），XMPP通过命名空间为这些扩展提供了隔离机制，使得不同的功能扩展能够平稳地集成进协议，而不影响核心协议的运行。

④互操作性。XMPP以命名空间为基础，定义了标准化的XML结构，能够在不同的服务器和客户端之间无缝互操作。

（4）XMPP的主要缺点。

①XML带来的开销。XMPP使用XML作为消息传递的格式，这虽然提高了协议的可读性和灵活性，但也带来了较大的数据开销。相比二进制协议，XML格式的传输效率较低，占用的带宽和计算资源更多。

②一致性和兼容性问题。由于XMPP扩展性强、实现灵活，导致不同实现之间的质量和功能可能不一致。例如，不同客户端或服务器可能支持不同的扩展，导致兼容性问题。

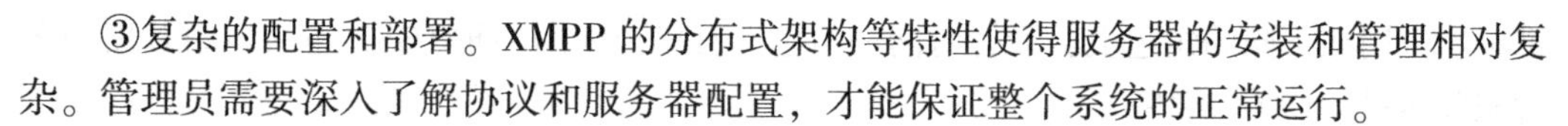

③复杂的配置和部署。XMPP 的分布式架构等特性使得服务器的安装和管理相对复杂。管理员需要深入了解协议和服务器配置，才能保证整个系统的正常运行。

3.2.4.8 DDS

DDS 全称为数据分发服务（Data Distribution Service），是一种用于实现分布式系统中实时数据共享的规范，由 OMG（Object Management Group）发布。它定义了一种数据传输的机制，使得分布式系统中的各个部件能够高效、实时地共享数据，从而满足对系统性能、可靠性和可扩展性的需求。DDS 最早应用在美国海军系统，用于解决军舰系统复杂网络环境中大量软件升级的兼容性问题，后来在物联网场景中大量使用，目前被广泛地应用于机器人、智能交通、智能制造等领域。

（1）DDS 协议历史。DDS 规范的开发始于 2001 年，目前已经发布了 4 个正式版本。2004 年，对象管理组织（OMG）发布了 DDS 版本 1.0。这是 DDS 的初始版本，描述了两个级别的接口：底层的以数据为中心的发布—订阅（Data-Centric Publish-Subscribe，DCPS）层，这是 DDS 的基础，提供了通信的基本服务；可选的数据本地重构层（Data Local Reconstruction Layer，DLRL），DLRL 将 DCPS 层提供的服务进行了抽象，在 DLRL 建立了与底层服务的映射关系。

2005 年，DDS1.1 发布，增强了模型的灵活性和可扩展性，提高了对服务质量（QoS）策略的支持，以便更好地满足不同应用的需求。

2006 年，DDS1.2 发布，对前一版本进行了进一步的增强，增加了对动态数据类型的支持，改善了系统的互操作性和可配置性。

2015 年，DDS1.4 发布，该版本进行了重要的更新，特别是将 DLRL 移至单独的规范中，进一步优化了数据传输的性能和灵活性，同时提升了对实时系统的支持。

（2）DDS 工作原理。DDS 软件框架模型如图 3-16 所示，主要概念有：域、域参与者、数据写入者、数据读取者、发布者、订阅者、主题、服务质量。

①域（Domain）。域是 DDS 网络中的逻辑分区，用于将不同的通信组隔离开来。通过定义不同的域，DDS 可以在一个网络中支持多组独立的通信，不同域之间的数据互相不会影响。

②域参与者（Domain Participant）。代表域内参与通信的应用程序等实体。

③数据写入者（Data Writer）。类似于缓存，把需要发布的主题数据从应用层写入到其中。

④数据读取者（Data Reader）。同样可以理解为一种缓存，从订阅者得到主题数据，随之传给应用层。

⑤发布者（Publisher）。发布主题数据，至少与 1 个数据写入者关联，通过调用 Data Writer 的相关函数将数据发出去。

⑥订阅者（Subscriber）。订阅主题数据，至少与 1 个 Data Reader 关联。

⑦主题（Topic）。DDS 通信的基础单元，每个主题包括数据类型（Data Type）、名称（Topic Name）和服务质量策略，发布者和订阅者基于共同的主题进行数据交互。

⑧服务质量（QoS）。目前共支持 22 种 QoS 策略，如可靠性（Reliability Qos Policy）、持久性（Durability Qos Policy）、传输优先级（Transport Priority Qos Policy）等。每种策略

都可以应用在不同的角色上，而针对同一角色，可单独使用一种 QoS，也可以组合使用多种服务质量（QoS）策略。

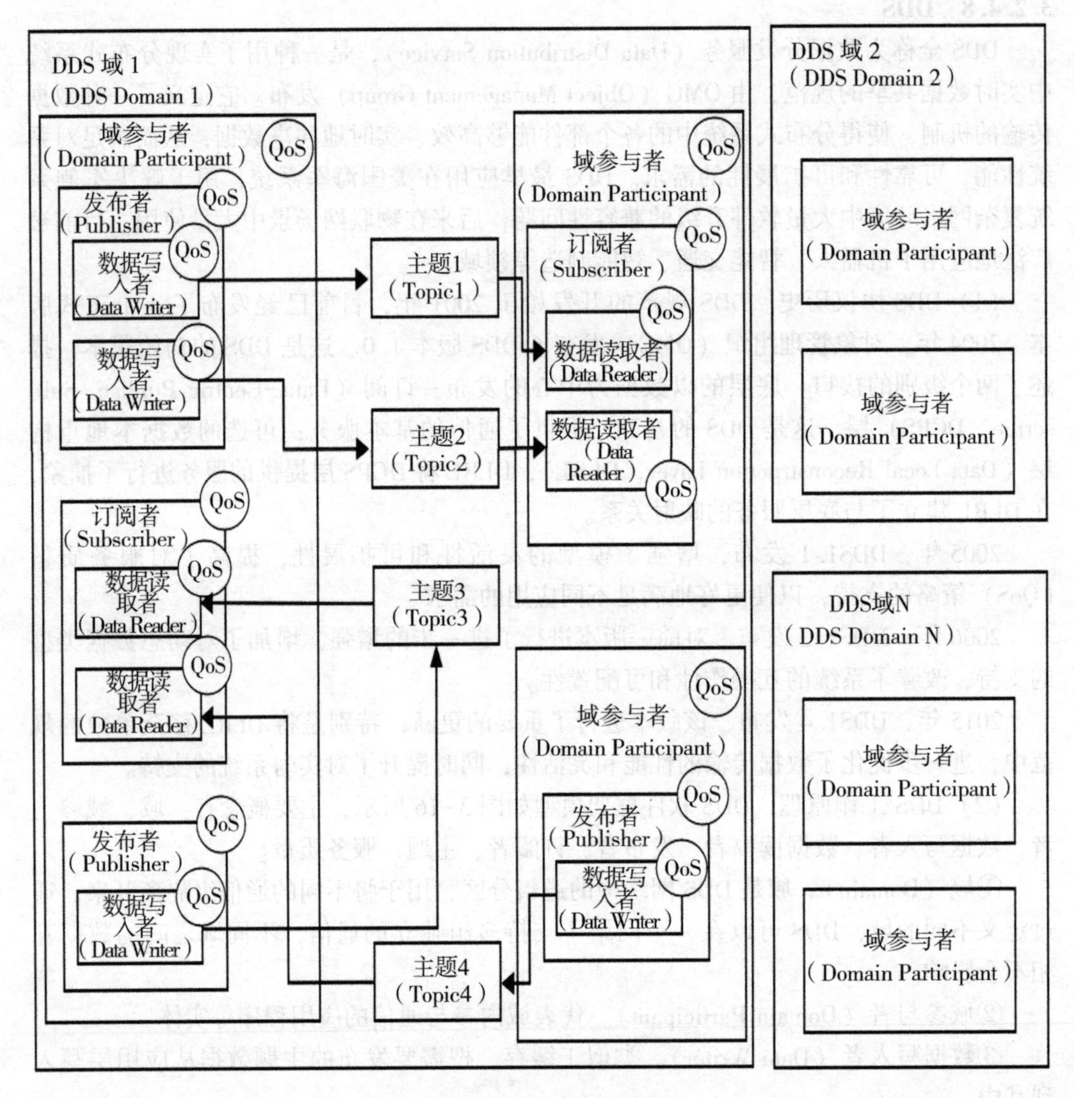

图 3-16　DDS 软件框架模型

（3）DDS 的主要优势。

①实时性。DDS 设计用于提供低延迟和高吞吐量的数据传输，能够满足实时应用的需求，如工业自动化和国防系统。

②分布式架构。支持无中心化的网络架构，节点之间可以直接通信，避免了单点故障问题。

③灵活的 QoS 设置。提供丰富的 QoS 策略，可以细粒度地控制数据传输的可靠性、优先级、延迟、持久性等特性，满足不同应用场景的需求。

④可扩展性。DDS 支持大量的并发主体和数据流，能够满足分布式系统中对可扩

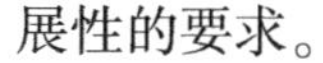

展性的要求。

（4）DDS 的主要缺点。

①资源消耗。实现高性能和丰富的 QoS 特性通常需要更多的系统资源（如 CPU 和内存）支持，不适合资源有限的设备，如嵌入式系统。

②带宽消耗。DDS 的带宽消耗是 MQTT 的两倍。

③调试和监控。由于其分布式和实时特性，调试和监控 DDS 系统可能比传统的集中式系统更具挑战性。

3.2.4.9 LwM2M

LwM2M 全称为轻量级 M2M（Lightweight M2M），是一种适用于物联网设备的轻量级的通信协议，由移动开放联盟（OMA）提出并定义，适用于资源有限的终端设备。

（1）LwM2M 协议历史。LwM2M 首次出现在 2013 年，第 1 个正式版本 LwM2M 1.0 在 2017 年发布，定义了资源管理方式、数据格式、核心 LwM2M 对象等内容，奠定了协议的基础架构。

2018 年 LwM2M 1.1 发布，主要对安全性进行了增强，并改进对低功耗广域网（Low Power WANs）的支持。安全性方面改进了对公钥基础设施（PKI）部署的支持，支持基于 TCP/TLS 的 LwM2M 和基于 OSCORE 的 LwM2M 应用层安全性。对低功耗广域网的优化针对 3GPP LTE-M、NB-IoT 和 LoRaWAN。

2020 年 LwM2M 1.2 发布，主要修改有：对引导接口、注册接口、信息报告接口等进行了优化；开始支持 LwM2M 网关功能使得非 LwM2M IoT 设备及位于网关后面的 LwM2M 设备能够连接到 LwM2M 生态系统，并能够远程管理这些设备；新增 5G-NR 相关设备配置对象；支持新的 LwM2M 传输方式，使得 LwM2M 消息可以通过 MQTT 和 HTTP 进行传输。

（2）LwM2M 工作原理。LwM2M 的基本架构如图 3-17 所示，主要组成部分有：服务器（LwM2M Server）、启动服务器（LwM2M Bootstrap-Server）、客户端（LwM2M Client）、对象（Objects）、接口（Interfaces）等。在协议栈方面，LwM2M 协议运行在 CoAP 协议之上，而 CoAP 协议可以运行在 UDP 或者 SMS 协议之上，通过 DTLS 来实现数据的安全传输。

①服务器。承担管理和监控的角色，与 LwM2M 客户端通信，提供设备管理、监控、控制和配置更新等服务。

②启动服务器。LwM2M 启动服务器是一个负责向 LwM2M 客户端提供必要信息（包括凭据）的服务器，以使 LwM2M 客户端能够与一个或多个 LwM2M 服务器执行“注册”操作。通常情况下，LwM2M 启动服务器是 LwM2M 客户端交互的第 1 个 LwM2M 实体。启动接口是 LwM2M 客户端与 LwM2M 启动服务器之间唯一使用的接口。

③客户端。安装在受管理的 IoT 设备上，负责执行设备的管理和数据收集功能，支持设备注册、状态报告、数据读取和更新等操作。

④对象。对象是设备的一部分，用于描述设备的某个方面或功能。每个对象都由多个资源（Resource）组成，资源是对象的属性或操作。通过对不同对象和资源的管理，可以对物联网设备进行远程配置、监控和控制。LwM2M 1.2 版本中定义了 14 个标准

对象。

⑤接口。LwM2M 1.2 版本中在不同实体之间定义了 4 个接口：

启动接口（Bootsrap Interface）：用于向 LwM2M 客户端提供必要信息，以使 LwM2M 客户端能够与一个或多个 LwM2M 服务器执行“注册”操作。

客户端注册接口（Client Registration Interface）：用于 LwM2M 客户端的注册、维护注册以及注销。只有完成了客户端的注册，LwM2M 才能实现与服务端之间的通信。

设备管理和服务启用接口（Device Management and Service Enablement Interface）：用于 LwM2M 服务器访问在自己这边注册的客户端的对象实例和资源。

信息报告接口（Information Reporting Interface）：用于 LwM2M 服务器向客户端订阅资源信息，客户端接收到订阅消息后，按照约定的模式向服务器报告自身资源的变化情况，即观察者模式。

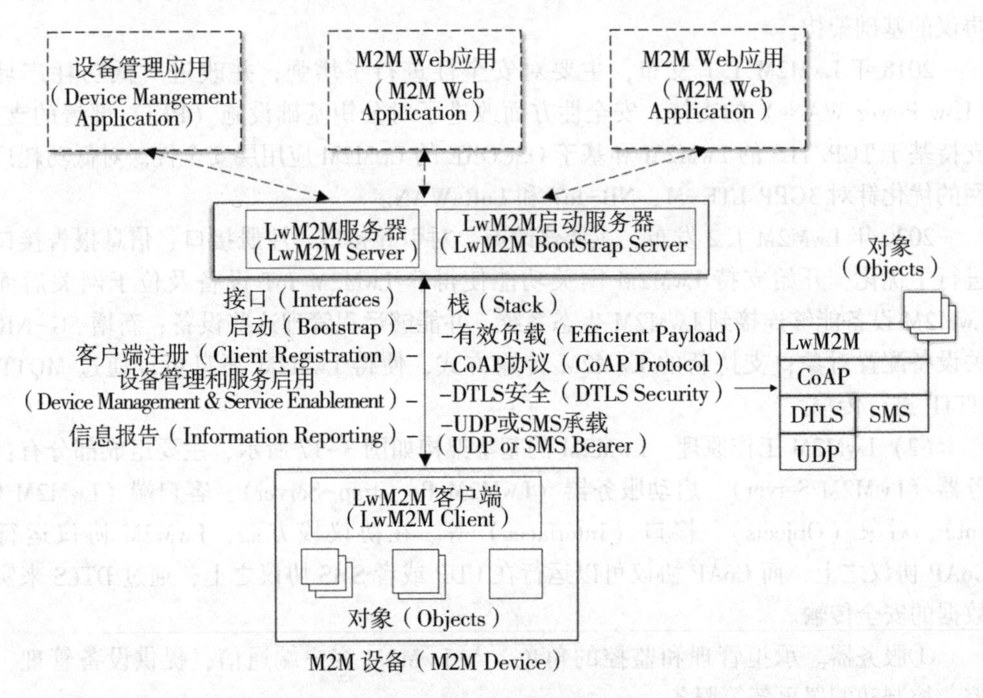

图 3-17 LwM2M 协议架构示意

（3）LwM2M 的主要优点。

①轻量级设计。LwM2M 专为资源受限设备设计，具有低带宽和低处理能力需求，非常适合嵌入式设备和传感器网络。

②标准化协议。作为一个标准协议，LwM2M 提供了一个统一的框架，使不同厂商的设备能够互操作，减少了集成和部署的难度。

③高效的数据传输。使用 CoAP 作为传输协议，具有较低的开销和较快的响应时间，适合需要快速数据传输的应用场景。

④安全性。支持 DTLS，提供端到端数据加密和身份验证，确保数据传输的安全性。

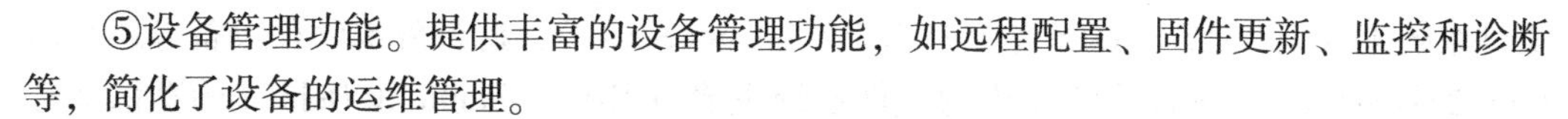

⑤设备管理功能。提供丰富的设备管理功能，如远程配置、固件更新、监控和诊断等，简化了设备的运维管理。

（4）LwM2M 的主要缺点。

①有限的可靠性。由于底层采用 CoAP 协议，CoAP 协议采用 UDP 进行数据传输，因此在传输过程中可能存在丢包或重传等问题。

②生态系统尚未成熟。与其他更成熟的协议相比，LwM2M 的生态系统（包括工具、库、服务等）尚未完全成熟，开发者可能面临资源和支持较少的问题。

3.3 数据存储技术

数据存储技术是指用于记录、保存和管理数据的方法和技术，在计算机科学和信息技术中起着至关重要的作用。数据存储的目标是对各种类型的数据在存储介质上以一定的结构进行保存，以方便进行快速的查找、读取和分析。

存储硬件方面，目前通用计算机系统，如个人 PC 或服务器，采用 3 级存储系统，按存取速度由慢到快分别为硬盘、内存和高速缓存，其中硬盘是持久存储设备，内存和高速缓存都是断电后数据丢失。高速缓存位于中央处理器（CPU）中，在平时使用过程中对普通用户是透明的。程序员在编程时，特别是底层编程时，需要考虑利用高速缓存的特性优化程序中的数据结构和处理逻辑，通过提高缓存命中率提高运算效率。内存对用户是可见的，用户可以根据内存使用情况打开和关闭程序，以得到更好的使用体验。硬盘是用户平时直接接触最多的存储设备，因为我们平时操作的文件基本都存储于硬盘当中。除上述 3 级存储系统之外，计算机系统还有一些常用的移动存储介质，比如基于闪存技术的 U 盘及基于光刻技术的 CD/DVD 盘等。

存储软件方面，目前最常使用的仍然是文件系统和数据库系统。文件系统由操作系统提供，例如，Windows 系统采用 NTFS、Linux 采用 EXT，随着云计算技术的兴起，文件系统也由单机文件系统发展到分布式文件系统，如 GFS 和 HDFS，以提高存储的横向扩展能力。数据库系统也根据不同的数据类型、不同的存取需求发展出了多种类型，在设计数据存储系统时，通常按照所存储数据的结构化程度进行分类，将数据库分为关系型数据库（如 Oracle、MySql、SqlServer、PostgreSql 等）和非关系型数据库（如 MongoDB、Hbase、Redis 等），可根据应用系统实际需求选择恰当的数据库。

3.3.1 文件系统

文件系统（File System）是操作系统中用于组织和管理磁盘数据的结构和规则，它提供了一种方法来存储、检索、命名和保护数据。文件系统将存储设备如硬盘、SSD、USB 驱动器等上的数据组织成文件和目录（文件夹），从而使用户和应用程序能够轻松访问和管理这些数据。

当前 PC 端主流操作系统包括 Windows、MacOS 和 Linux，服务器端主流操作系统有 Linux、Windows 和 Unix，移动端主流操作系统包括 IOS、Android。Windows 系统使用的文件系统主要是NTFS、ReFS（主要用于Windows Server），此外外部闪存设备等还常用FAT32和exFAT。Linux系统使用的文件系统主要有Ext（Ubuntu和Debian的默认文件系统，主流版本是Ext4）、XFS（CentOS和RHEL的默认文件系统）、Btrfs（Fedora和OpenSUSE的默认文件系统）。Unix使用的文件系统主要有UFS、ZFS、JFS等。苹果系列系统，包括MacOS和IOS，目前均采用APFS文件系统。Android系统底层是Linux，主流采用Ext4文件系统。

3.3.1.1 硬盘分区

硬盘分区和文件系统是计算机存储管理中两个密切相关的概念。硬盘分区是将物理硬盘划分为多个逻辑部分的过程，每个部分称为分区。每个分区可以被视为一个独立的存储单元，操作系统可以在这些分区上进行读写操作。硬盘分区必须格式化为某种文件系统，操作系统才能在分区上存储和管理数据。因此，文件系统实际能够管理的卷大小会受分区大小的限制。

目前硬盘分区格式有两种MBR（Master Boot Record）和GPT（GUID Partition Table），他们在硬盘管理和操作系统启动方式上有所区别，主要体现在以下方面。

（1）支持的分区数量。MBR分区最多支持4个主分区，或3个主分区加1个扩展分区，扩展分区可以再划分为多个逻辑分区。GPT对分区数量没有限制，但Windows最大仅支持128个GPT分区。

（2）支持的硬盘大小。MBR使用32位地址，最多只能管理2^{32}个扇区，因此支持的最大分区大小只能到2TB（$2^{32}\times512$）。GPT使用64位地址，理论最大分区大小可以到8ZB（以扇区大小512bytes计算）。

（3）系统启动模式。MBR依赖传统的BIOS启动，BIOS从MBR中加载启动信息，并引导操作系统。GPT使用UEFI（Unified Extensible Firmware Interface）引导启动。

（4）数据安全和备份机制。MBR分区表存储在硬盘的第1个扇区中（即第0扇区），如果这个扇区被损坏，整个硬盘的分区信息就会丢失，数据恢复难度较大。GPT分区在硬盘的开头和末尾都存有分区表的备份，其中一个损坏，可以使用另一个进行恢复，此外，GPT还使用CRC32校验来验证分区表的完整性，防止分区表损坏而引起数据丢失。

（5）操作系统兼容性。MBR历史悠久，Windows、Linux、MacOS等系统都支持MBR分区表。GPT需要64位操作系统，并且必须支持UEFI。Windows系统中Vista、Win7、Win8、Win10、Win11的64位版本均支持GPT分区启动。

（6）分区标识。MBR使用分区表中的4个bytes来标识每个分区的类型和状态。PT使用全球唯一标识符（GUID）来标识每个分区，能够为每个分区分配唯一的标识符。

3.3.1.2 Windows系列文件系统

Windows系列文件系统目前还在使用的文件系统有FAT32、exFAT、NTFS、ReFS。上述文件系统均以簇作为最小管理单元，一个簇包括多个扇区（通常为512bytes或4 096 bytes），有多种簇大小可以选择。小簇优点是适合存储小文件，可以减少空间浪费，减少碎片，缺点是需要的文件系统元数据会增加，文件系统本身会占用更多的存储资源。大簇优点是减少了文件系统本身的开销，提高了数据读取效率，适合大文件存储，缺点是对小文件可能会导致空间浪费，因为每个小文件至少也会占用一个完整的簇。

（1）FAT32。FAT32 全称“File Allocation Table 32”，是一个较古老的文件系统，它是 FAT16 的改进版，于 1996 年针对 Windows 95 OSR2 / MS-DOS 7.1 用户推出，支持最大文件大小为 4GB，支持的最大分区大小达到 2TB（受 MBR 分区表限制）。FAT32 因其简单性和广泛的硬件支持而受到青睐，目前仍是移动存储设备（如 U 盘、SD 卡等）最常用的文件系统之一，当前主流操作系统（包括 Windows、Linux 和 MacOS）都能读取和写入 FAT32 格式的磁盘。

FAT32 的缺点主要是支持的文件大小和分区大小有限，不支持文件权限和文件系统日志，数据安全性和完整性容易出现问题。在日常生活中如果热插拔 FAT32 格式的 U 盘，有时会出现 U 盘内容乱码的情况，这是因为 FAT32 不带日志功能，在热拔插的情况下，容易导致数据丢失，如果丢失的是元数据，那文件系统就会出现异常，常见的是文件名乱码。

（2）exFAT。exFAT 全称“Extended File Allocation Table”，由微软在 2006 年推出，是一种设计用于闪存驱动器、SD 卡等移动存储设备的文件系统，解决了 FAT 在文件和分区大小方面的限制问题。exFAT 最大卷容量达到 128PB（2^{57}bytes，簇大小 32MB），推荐最大容量是 512TB，单文件理论最大大小可达 16EB（$2^{64}-1$ 个 bytes）。

exFAT 在操作系统兼容性方面与 FAT32 相比还有差距，Linux 系统在很长一段时间内对 exFAT 的原生支持，在 5.4 版本内核之后才增加了对 exFAT 的原生支持。

（3）NTFS。NTFS 全称“New Technology File System”，是微软在 1993 年随 Windows NT 推出的一种高效、可靠的文件系统，它取代了早期的 FAT 文件系统，是目前 Windows 最常用的文件系统。NTFS 也解决了 FAT32 的卷大小和文件大小限制，NTFS5.1 版本支持 64 位，理论最大卷大小达到 $2^{64}-1$ 个簇，单文件大小理论上限是 16EB（$2^{64}-1$ 个 bytes）。

与 FAT32 和 exFAT 相比，NTFS 在数据安全性和完整性上做了大量改进。

①权限控制和加密。NTFS 支持文件和目录的访问控制列表（ACL），可以为不同用户和组设置不同的访问权限，支持加密文件系统（Encrypting File System，EFS），用户可以对文件进行加密，确保数据安全。

②支持事务和日志。NTFS 支持事务和日志机制，可以在文件系统运行时自动记录所有对磁盘的操作，并在需要时进行回滚或恢复。这可以防止数据丢失和系统崩溃，并提高系统的可靠性和稳定性。

此外 NTFS 还提供了许多其他特性。

①支持文件压缩。NTFS 允许文件和目录进行透明压缩，用户在访问时不会感知到压缩的存在，能够有效节省存储空间。

②动态大小调整。NTFS 可以在文件系统运行时动态调整分区的大小，支持动态卷的创建和管理。

③支持硬链接与符号链接。NTFS 允许在文件系统中创建多个指向同一文件的硬链接，

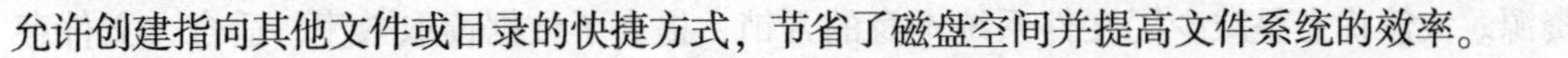

允许创建指向其他文件或目录的快捷方式，节省了磁盘空间并提高文件系统的效率。

④磁盘配额管理。NTFS 提供了用户级磁盘空间配额管理，可以限制每个用户或组在磁盘上分配的存储空间，这对于多用户环境下的存储管理和资源分配非常有用。

⑤采用 B+树结构。NTFS 使用 B+树结构来存储文件和目录的元数据，提高了查找和访问的效率。

（4）ReFS。ReFS 全称"Resilient File System"，是微软在 Windows Server2012 中新引入的一个文件系统，旨在提供更高的可靠性和数据完整性，特别适用于数据中心和高需求的存储环境，与 NTFS 大部分兼容。早期该文件只能应用于存储数据，现在可以引导系统，也能在移动硬盘上使用，桌面版 Windows 也开始支持 ReFS。

ReFS 是在 NTFS 的基础上进行的设计，主要针对大数据时代的数据管理需求作出了优化，放弃了 NTFS 具有的一些特性，如压缩、加密、磁盘配额、事务等，增加了一些新特性。

①数据完整性。ReFS 使用校验和 Checksums 来验证文件和元数据的完整性。每次读取文件时，ReFS 都会检查数据的完整性，以确保没有损坏。

②自动修复功能。当发现数据损坏时，ReFS 能够自动从冗余副本恢复数据，进一步提高了系统的可靠性。

③支持超大卷。ReFS 最大卷理论上达到 35PB，能够应对大数据环境下的数据存储需求。

表 3-19 给出了 Windows 系统 4 种文件系统的主要特性对比。

表 3-19　Windows 系统 4 种文件系统特性对比

特性	FAT32	exFAT	NTFS（5.1）	ReFS
最大单个文件大小	4 GB	16 EB（理论大小）	16 EB（理论大小）	16 EB（理论大小）
最大卷大小	2 TB	128 PB，推荐值 512TB	理论值 $2^{64}-1$ 个簇，32 位系统下 256TB（簇大小 64kB）	35 PB
兼容性	Windows，MacOS，Linux，DOS	Windows，MmacOS，Linux5.4 以上内核	Windows	Windows Server 2012 以上版本，Windows 10、Windows 11，不同 ReFS 版本的兼容性有差别，越新版本兼容性越差
冗余功能	无	无	支持（镜像卷、RAID 等）	高级冗余（自动校正，最小化数据损坏）
日志功能	无	无	支持（元数据和文件日志）	支持（元数据日志）
数据完整性	无	无	支持（基于元数据的事务处理）	强（内置校验机制，自动修复）

（续表）

特性	FAT32	exFAT	NTFS（5.1）	ReFS
加密支持	无	无	支持（EFS）	支持（结合 BitLocker 使用）
压缩支持	无	无	支持（文件和文件夹压缩）	无
性能	低（对大文件和大容量支持差）	高（针对闪存存储优化）	高（针对大文件和高容量优化）	高（针对高可靠性和大数据优化）
使用场景	小型存储设备、老旧设备兼容性	大容量 USB 驱动器、SD 卡、闪存存储	Windows 系统盘、大型存储卷	企业级存储、服务器、高可靠性场景
安全性	低	中等（不支持原生加密和权限管理）	高（ACL 权限、加密、审计）	高（元数据保护、数据完整性）
碎片整理	需要（频繁）	不需要（闪存优化）	需要（定期）	不需要（具备防碎片设计）

3.3.1.3 Linux 系列文件系统

不同 Linux 发布版采用了不同的文件系统，目前主流使用的几个 Linux 版本采用的文件系统主要包括 Ext4、XFS 和 Btrfs。

（1）Ext4。Ext 是“Extended File System”的简称，是第 1 个专为 Linux 内核设计的文件系统，于 1992 年首次推出，用以替换当时 Linux 采用的 Minix 文件系统。Ext 相比 Minix 作出了多项改进，包括支持文件系统元数据，使得文件和目录的管理更加高效，支持更大的文件大小和更多的文件数量，这些改进对 Linux 的发展至关重要。后续 Ext2、Ext3、Ext4 版本分别于 1993 年、2001 年、2008 年推出，每个新版本的设计都旨在满足 Linux 系统不断发展的需求，同时保持与前版本的兼容性。目前 Ext4 是 Linux 操作系统中最常用的文件系统之一，其主要特点如下：

Ext4 支持的最大分区达到 1EB，最大文件达到 16TB（4kB 块）到 256TB（64kB 块），取消了 Ext3 中只支持 32 000 个子目录的限制，最大文件名程度 255bytes。Ext4 在大型服务器环境中表现出色，可以处理庞大的文件和数据。Ext4 的其他特性有：

①更优的块分配策略。Ext3 的数据块分配策略是尽快分配，而 Ext4 的策略是尽可能地延迟分配，直到文件在缓冲中写完才开始分配数据块并写入磁盘，减少了磁盘碎片并提高了文件写入性能。Ext4 还提供了多块分配器，”支持一次调用分配多个数据块，而 Ext3 一次只能分配一个块。

②持久性预分配策略。在其他文件系统下，应用系统如果要求提前分配需要的磁盘空间，需要通过向未使用的磁盘空间写入 0 来实现。Ext4 在文件系统层面提供了持久性预分配策略支持，应用可以通过调用 API 进行空间预分配，比自己实现更高效。

③引入日志校验功能。Ext3 引入了日志功能，但是日志功能也存在损坏的可能，

如果日志损坏，从损坏的日志中恢复数据会导致更多的数据损坏。为此，Ext4 引入了日志校验功能，用于判断日志数据是否损坏。此外 Ext4 也允许关闭日志，以减小开销，方便有特殊需求的用户可以借此提升性能。

④时间戳优化。Ext4 给时间范围增加了两个位，从而让时间寿命在延长 500 年，Ext4 的时间戳支持的日期到 2514 年 4 月 25 日，而 Ext3 只达到 2038 年 1 月 18 日。

（2）XFS。XFS 是一个高性能的 64 位日志文件系统，1993 年由硅谷图形公司（Silicon Graphics，Inc，SGI）为他们的 IRIX 操作系统而开发，从 IRIX 操作系统的 5.3 版本开始成为默认文件系统。2000 年 5 月，SGI 以 GNU 通用公共许可证发布了其源代码，之后于 2001 年被移植到 Linux 内核。目前，XFS 已被大多数 Linux 发行版所支持，Centos 和红帽企业 Linux 将其作为默认文件系统。

XFS 支持的最大分区和最大文件大小达到 8EB，最大文件数量达到 2^{64} 个，最大文件名长度 255bytes，在 32 位系统下，最大分区和最大文件大小限制在 16TB。XFS 的其他特性有：

①异步日志系统。XFS 的日志记录机制结合了逻辑和物理日志。例如，Inode 和配额（Dquot）这类对象以逻辑格式记录，关注的是内核结构的变更细节，而非磁盘结构的更改。而其他对象，如缓冲区，则记录它们的物理变更。采用这种方式的目的是减少需要频繁记录的对象所占用的日志空间。XFS 文件系统日志的写入是以事务为单位进行的，其事务子系统是异步的，在日志缓冲区被填满或者有一个同步操作强制将记录事务的日志缓冲区写入到磁盘之前，事务不会提交到磁盘。这意味着 XFS 在内存中实现了事务的聚合，以此来最小化日志 IO 对事务吞吐量的影响。

②分配组。XFS 文件系统在内部被划分为分配组，这些分配组是文件系统内大小相等的线性区域，文件和目录可以跨越多个分配组。每个分配组独立管理其自己的 Inode 和可用空间，从而提供可扩展性和并行性，使多个线程和进程能够同时对同一文件系统进行 I/O 操作。这种由分配组带来的内部分区机制在一个文件系统跨越多个物理设备时特别有用，使得优化对下级存储部件的吞吐量利用率成为可能。

③条带化分配。在条带化 RAID 阵列上创建 XFS 文件系统时，可以指定一个“条带化数据单元”。这可以保证数据分配、Inode 分配，以及内部日志被对齐到该条带单元上，从而最大化吞吐量。

④基于 Extent 的分配方式。XFS 文件系统中的文件使用可变长度的 Extent 来管理使用的块，每一个 Extent 描述了一个或多个连续的块。相比将每个文件用到的所有的块存储为列表的文件系统，这种策略大幅缩短了列表的长度。

⑤延迟分配。XFS 利用惰性计算技术进行文件分配，当文件被写入缓冲区缓存时，XFS 并不立即为数据分配 Extent，而是简单地在内存中对该文件保留合适数量的块，实际的块分配仅在这段数据写入到磁盘时才发生。这提高了文件以连续块组写入的可能性，从而减少了碎片化问题并提高了性能。

⑥稀疏文件。XFS 为每个文件提供了一个 64 位的稀疏地址空间，使得大文件中的空白数据区不被实际分配到磁盘上。因为文件系统对每个文件使用一个 Extent 表，文件分配表就可以保持一个较小的体积。对于太大以至于无法存储在 Inode 中的分配表，这

张表会被移动到 B+树中，继续保持对该目标文件在 64 位地址空间中任意位置的数据的高效访问。

⑦Direct I/O。对于要求高吞吐量的应用，XFS 给用户空间提供了直接的、非缓存的 I/O 实现。数据在应用程序的缓冲区和磁盘间利用 DMA 进行传输，以此提供下级磁盘设备全部的 I/O 带宽。

⑧确定速率 I/O。XFS 确定速率 I/O 系统给应用程序提供了预留文件系统带宽的 API。XFS 会动态计算下级存储设备能提供的性能，并在给定的时间内预留足够的带宽以满足所要求的性能，此项特性是 XFS 所独有的。

（3）Btrfs。Btrfs（通常念成 Butter FS），是 Oracle 于 2007 年开始研发的一种 COW（Copy-On-Write）文件系统。2008 年，Ext3 和 Ext4 文件系统的主要开发者 Theodore Ts'o 表示，尽管 Ext4 改进了功能，但并没有实现重大进展，它仍然使用旧技术，属于权宜之计。Theodore Ts'o 认为 Btrfs 是更好的方向，因为“它在可扩展性、可靠性和管理便利性方面提供了改进”。2015 年，Btrfs 被选为 SUSE Linux Enterprise Server（SLE）12 的默认文件系统，2020 年，Btrfs 被选为 Fedora 33 桌面版本的默认文件系统。

Btrfs 文件系统中所有的元数据都由 B-树管理。使用 B-树的主要好处是能够提供高效的查找、插入和删除操作，可以说 B-树是 Btrfs 的核心。Btrfs 的最大卷和最大文件大小都达到 16EB，最大文件数量达到 264 个，最大文件名长度 255bytes。

Btrfs 是少数专门对固态硬盘（SSD）进行优化的文件系统，它的 COW 技术从根本上避免了对同一个物理单元的反复写操作。如果用户打开了 SSD 优化选项，Btrfs 将在底层的块空间分配策略上进行优化：将多次磁盘空间分配请求聚合成一个大小为 2M 的连续的块。大块连续地址的 I/O 能够让固化在 SSD 内部的微代码更好地进行读写优化，从而提高 I/O 性能。

Btrfs 提供了一种克隆操作，可以原子性地创建文件的 COW 快照，克隆文件有时被称为 Reflinks。克隆不是创建一个指向现有 Inode 的新链接，而是创建一个新的 Inode，最初与原始文件共享相同的磁盘块。克隆不同于硬链接，硬链接是将多个文件名与单个文件关联的目录条目，克隆是形成了一个新的独立文件，只是最初与原文件共享所有磁盘块。

Btrfs 支持子卷和快照。子卷可以被视为一个独立的 POSIX 文件命名空间，可以通过将 Subvol 或 Subvolid 选项传递 Mount 工具单独挂载。它也可以通过挂载顶层子卷来访问，在这种情况下，子卷作为顶层子卷的子目录浏览和访问。Btrfs 快照是一个子卷，其写时复制（COW）特性意味着快照可以快速创建，同时最初消耗的磁盘空间非常少，快照占用的空间将随着原始子卷或快照本身（如果它是可写的）的数据变化而增加。

3.3.1.4 UNIX 系列文件系统

随着 Linux 和 Windows Server 的发展，Unix 系统的市场份额正逐步缩小，目前主流 Unix 发布版，如 BSD、Solaris 等使用的文件系统包括 UFS、ZFS、JFS 等。

（1）UFS。UFS 是 Unix File System 的简称，是一款历史悠久的文件系统，其前身 FFS（Fast Filesystem）可追溯到 20 世纪 80 年代初。UFS 文件系统将磁盘的盘片分成若干个柱面组，每个柱面组由一个或多个联系的磁盘柱面组成，每个柱面组又进一步被分成若干个可寻址的"块","块"是UFS文件系统中文件分配和存储的基本单位，分为4种类型：引导块、超级块、Inode、数据块。UFS文件系统中的块又被分成更小的单位"段"，在创建UFS文件系统时，可定义段的大小，默认的段大小一般为1kB。每个"块"都可以分成若干个"段","段"大小的上限就是块的大小，下限实际上为磁盘扇区大小，通常为512bytes。

UFS支持日志功能，其日志记录会将组成一个完整UFS操作的多个元数据更改打包成一个事务，事务集记录在盘上日志中，然后会应用于实际文件系统的元数据。启用日志记录功能后可以将对相同数据的多重更新转换为单一更新，减少了磁盘操作所需的开销，因此性能反而可能会超过无日志记录功能的文件系统。

（2）ZFS。ZFS是Zettabyte File System的简称，也叫动态文件系统（Dynamic File System），最初是由Sun公司为Solaris 10操作系统开发的文件系统，于2005年发布，这是第1个128位的文件系统，其总容量是现有64位文件系统的2^{64}倍，可以说在未来相当长的时间内，ZFS都不可能出现存储容量不足的问题。

ZFS文件系统是一个革命性的全新的文件系统，完全抛弃了"卷管理"方式，不再创建虚拟的卷，而是把所有设备集中到一个存储池中来进行管理，使得文件系统不再局限于单独的物理设备。用户不再需要预先规划好文件系统的大小，因为文件系统可以在"池"的空间内自动增大。当增加新的存贮介质时，所有"池"中的所有文件系统能立即使用新增的空间，而不需要额外的操作。

ZFS采用了COW的事务性对象模型。文件系统中的所有块指针都包含目标块的256位校验或256位哈希，在读取块时会进行校验。包含活动数据的块永远不会被覆盖，而是会分配一个新块，将修改后的数据写入新块，然后任何引用该块的元数据块也会被读取、重新分配并写入。为了减少这一过程的开销，将多个更新归纳为一个事件组，并且在必要的时候使用日志来同步写操作。块及它们的校验和以树的形式排列参见Merkle签名方案。

ZFS的写时复制特性，使其快照功能实现非常简单，因为写新数据时，包含旧数据的块被保留着，提供了一个可以被保留的文件系统的快照版本。同时克隆（可写副本）也容易实现，不管有多少克隆版本的存在，未改变的块仍然在其他的克隆版本中共享。

（3）JFS。JFS是Journal File System的简称，是IBM开发的一种字节级日志文件系统，借鉴了数据库保护系统的技术，以日志的形式记录文件的变化。JFS主要是为满足服务器的高吞吐量和可靠性需求而设计开发的，它的突出优点是快速重启能力，JFS能够在几秒或几分钟内就把文件系统恢复到一致状态。JFS仅记录元数据，这意味着元数据将保持一致，但用户文件在崩溃或断电后可能会损坏。

3.3.1.5 苹果系列文件系统

APFS是Apple File System的简称，是苹果公司发布的新文件系统，替代之前所使用的HFS+文件系统，于2016年首次引入，APFS针对固态硬盘存储进行了优化，支持加密、快照及数据完整性增强等多种功能，目前该文件系统已经用于苹果所有系列产品中，包括MacBook、iPhone、iPad等。

APFS 文件大小理论上达到 8EB，提供了纳秒粒度的时间戳，时间戳范围也扩展到了 2554 年，采用了 COW 技术，支持快照和克隆。APFS 文件系统对加密做了增强，提供了 3 个加密选项：不加密、单密钥加密，以及多密钥加密（每个文件都有独立的密钥，并且元数据用不同的密钥加密）。

3.3.2 分布式文件系统

随着大数据和云计算的兴起，传统单机文件系统已经无法满足现代应用对数据存储和管理的要求，因此分布式文件系统应运而生。分布式文件系统（Distributed File System，DFS）是指文件系统管理的物理存储资源不一定直接连接在本地节点上，而是通过计算机网络与节点（可简单地理解为一台计算机）相连；或是若干不同的逻辑磁盘分区或卷标组合在一起而形成的完整的有层次的文件系统。

2003 年，谷歌发布了 GFS，专为处理海量数据而设计，强调高可用性和容错性，GFS 的许多设计思想直接影响了后来的分布式文件系统，其发表在操作系统领域顶级会议 SOSP（ACM Symposium on Operating Systems Principles）的论文 *The Google File System* 引用量已经超过 1 万。目前主流的分布式文件系统有 GFS、HDFS、Ceph 等。

3.3.2.1 GFS

GFS 是谷歌专为自己的核心数据存储和使用需求而设计的分布式文件系统，运行在普通廉价服务器上，提供对海量数据的存储支持。GFS 起源于谷歌早期开发的“Big-Files”，其特点是文件被划分为固定大小的 64 MB 块，类似于常规文件系统中的簇或扇区，但是通常不会被覆盖或收缩，文件只能进行读取或追加写入。

（1）GFS 的架构。GFS 的整体架构如图 3-18 所示，是由多个节点组成的集群，节点分为两类：一个主节点（Master Node）和多个块服务器（Chunkservers）。主节点和块服务器均是运行 Linux 系统的服务器。每个文件被分割成固定大小的块（Chunk），并由块服务器存储。每个块在创建时由主节点分配一个全局唯一的 64 位标识，并维护文件与组成块之间的逻辑映射。每个块在网络中通常有多个副本，默认配置下有 3 个副本，可以通过配置修改。一般高需求文件可以设置更高的副本数，而对存储优化要求严格的文件可以设置较少的副本数，以便快速执行垃圾清理。主服务器通常不存储实际的块，而是保存与这些块相关的所有元数据，包括名字空间、访问控制信息、从文件到块的映射及块的当前位置等。所有元数据通过主服务器定期从各块服务器接收更新（“心跳消息”）保持最新。

为了保持写操作时不同机器上副本的一致性，GFS 采用了一种称为“租约”的机制。Master 向其中一个数据块授予租约，我们称这个数据块为主块，主块为后续所有副本的修改操作确定一个顺序，所有副本都按照此顺序执行修改操作。一个租赁周期的默认时间为 60s，在此期间主块所在服务器独占地执行对文件块的写入操作，其他客户端在此期间无法修改该块。主块持有者在接收修改后负责将修改传播到各备份块的块服务器中，直到所有块服务器确认完成更改。当修改开始后，主块可以在与主节点的“心跳消息”中附带进行租约的延期申请，以保持继续独占访问权。如果块服务器在租约有效期内失去联系，或者未能正常续期，主节点将撤销该块的租约，允许其他块服务器

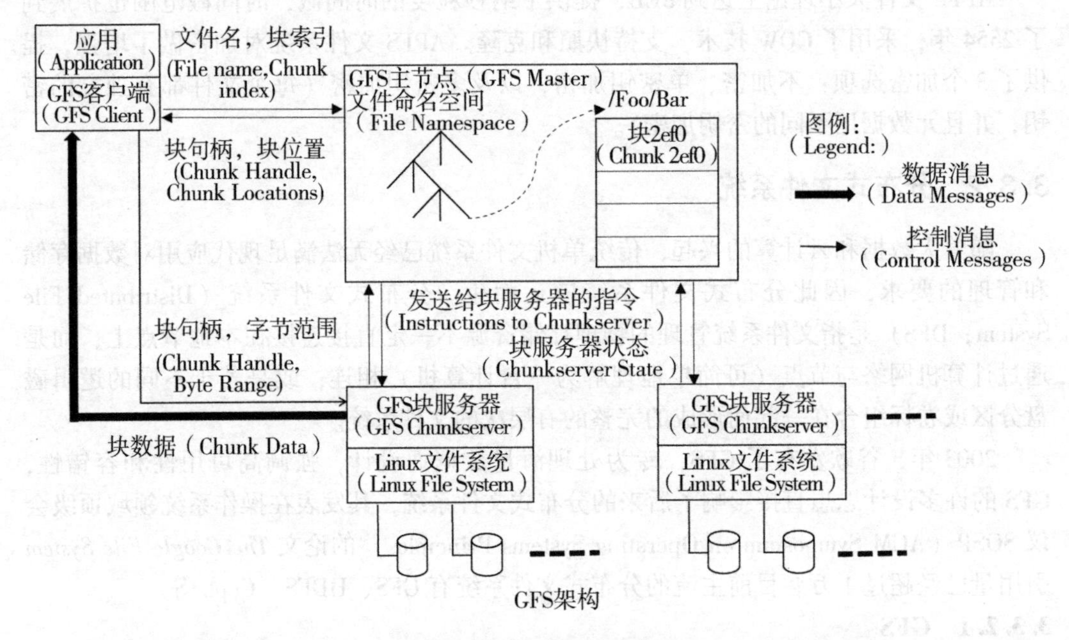

图 3-18　GFS 整体架构示意

或客户端重新获得写入权限。Master 有时也会尝试在租约过期之前撤回租约（如快照操作和修改文件名操作）。

应用访问数据块时，需要查询主节点服务器获得需要的块的位置，如果块上无操作（即没有有效租约），主服务器会返回块的位置，应用根据主服务器返回的块位置信息，选择一个或多个块服务器来读取所需的数据。通常应用会选择离自己较近的块服务器，以减少延迟。

（2）GFS 的特点。GFS 在低成本服务器上实现了大规模数据的高效存储，具有非常明显的优势。

①良好的横向扩展能力。GFS 可以通过简单地增加节点的方式，横向扩展存储资源（也包括计算资源）。在应用中可以根据实际需求动态扩展存储，避免项目启动时的大量资金投入，同时其采用低成本服务器的特性也进一步降低了投入。

②高可用性。GFS 通过副本机制确保文件的可靠访问，即使出现硬件故障或文件块损坏，系统也能自动识别并进行修复，确保副本数量恢复到正常水平。

③高吞吐量。GFS 将大文件分成多个固定大小的文件块，并存储到不同的节点中，客户端直接与块节点服务器交互读取数据，因此不同的客户端可以选择不同的节点读取数据，提高了整体吞吐能力。另外，同一文件的不同块也存储在不同的节点上，可以通过不同块的并发读取（网络速率超过单硬盘读取的情况下，如万兆网）实现整个文件传输效率的提升。

3.3.2.2　HDFS

HDFS 全称“Hadoop Distributed File System”，作为 Apache Hadoop 项目的核心组件，是为大规模数据存储而设计的分布式文件系统，可以说是 GFS 的一个开源实现。

谷歌的 GFS 取得了巨大的成功，2003 年到 2004 年谷歌以论文的形式陆续公开了其 GFS、MapReduce 和 BigTable 的框架，受其启发，Doug Cutting 和 Mike Cafarella 于 2004 年开始开发相关开源实现，并用在他们参与的开源网络搜索引擎项目 Nutch 中。2006 年初，开发人员将这个开源实现移出了 Nutch，成为 Lucene 的一个子项目，称为 Hadoop，最初的 Hadoop 包含了 HDFS 和 MapReduce 两个核心组件。2008 年，Hadoop 称为 Apache 基金会的顶级项目，2010 年后，大量公司，如 Facebook、Twitter 等，开始采用 Hadoop，HDFS 迅速成为存储和处理大规模数据的事实标准。

（1）HDFS 的架构。HDFS 整体架构如图 3－19 所示，采用了主从结构模型（Master/Slave），一个集群是由一个 NameNode 和若干个 DataNode 组成。其中 NameNode 作为主节点，管理文件系统的命名空间和客户端对文件的访问操作，DataNode 负责实际存储数据块。两种节点都运行在普通服务器上，通常采用 Linux 操作系统，实际上 HDFS 采用 Java 编写，具备跨操作系统能力，也可以部署在其他类型操作系统上。HDFS 也就一个文件分割成多个文件块，存储在 DataNode 上，默认文件块大小是 128MB，每个文件块有 3 个副本。

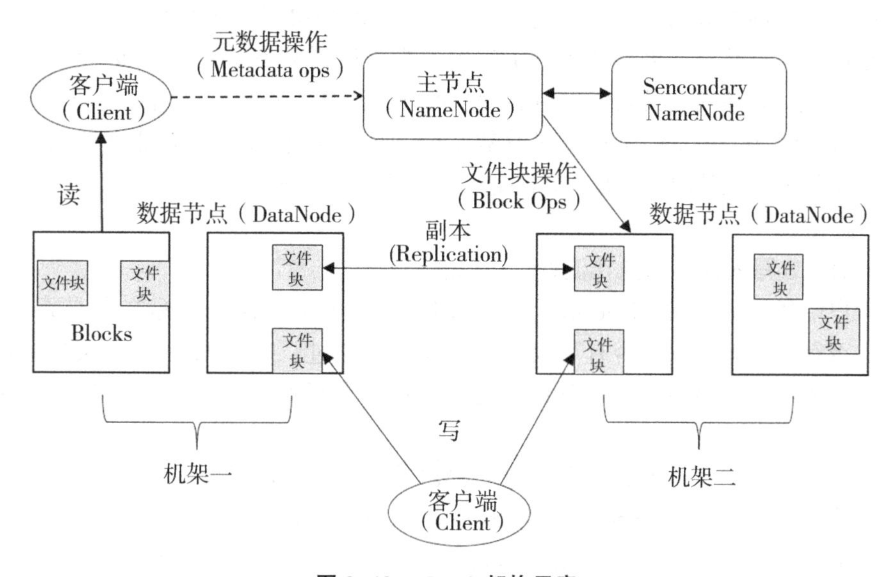

图 3-19　HDFS 架构示意

HDFS 引入了一个 Secondary NameNode 节点，该节点并不是 NameNode 的热备节点，它的实际作用是协助 NameNode 节点管理 HDFS 的元数据。在 HDFS 中，NameNode 负责元数据的持久化存储，并处理来自客户端对 HDFS 的各种操作，为保证处理速度，元数据是被加载到 NameNode 的内存中的，如果每次修改元数据后都对整个元数据快照（HDFS 里称为 Fsimage 文件）进行持久化，代价将太高，HDFS 采用的方式是将最近一段时间的操作保存到 NameNode 中的一个叫 EditLog 的文件中去。当重启 NameNode 时，除加载 FsImage 以外，还会对这个 EditLog 文件中记录的 HDFS 操作进行重放，以恢复 HDFS 重启之前的最终状态。Secondary NameNode 的作用是定期地将 EditLog 中记录的对 HDFS 的操作合并到一个校验点（Checkpoint）中，并返回给 NameNode，然后清空

EditLog。这样 NameNode 重启时就会加载最新的一个校验点，并重放 EditLog 中的记录，由于 EditLog 中记录的是从上一次校验点以后到现在的操作列表，所以就会比较小，启动速度就比较快。

为提高可靠性和网络带宽利用率，HDFS 采用了机架敏感（Rack Awareness）的文件块分布策略，会根据集群中机架的拓扑结构来决定如何放置文件块和其副本。从可靠性角度考虑，文件块的副本应该尽可能分布到不同的机架，但是由于大多数情况下相同机架上机器间的网络带宽优于在不同机架上的机器，完全分布到不同机架可能不能充分利用网络带宽，并增加写入成本（因为要跨多个机架传输文件块）。在默认 3 个副本情况下，HDFS 的文件块分布策略为：第 1 个副本存储在写入客户端所在的节点上（如果该节点运行有 DataNode）；第 2 个副本存储在与第 1 个副本在不同机架上的另外一个节点上；第 3 个副本存储在前面任意一个机架的不同节点上。

为保证数据一致性和完整性，HDFS 启动时，NameNode 会进入一个叫作“安全模式”的特殊状态，在此状态下，文件系统是只读的，不允许对数据进行修改。在安全模式期间，DataNode 会向 NameNode 发送块状态报告（Block Report），包含其存储的所有块的信息，NameNode 会根据这些报告核对是否每个块都满足预设的最小副本数量，以确保数据的完整性。如果某些数据块的副本少于所需数量，NameNode 会在启动过程中记录这些块，并在安全模式退出后启动块的复制操作，将缺少的副本重新创建在健康的 DataNode 上。在 NameNode 确定足够数量的 DataNode 在线，且大部分数据块的副本数达到预设值后，默认再过 30s，会自动退出安全模式，相关退出条件都可以通过配置文件进行修改。

（2）HDFS 写入操作的操作流程。

①客户端通过向 NameNode 请求上传文件，NameNode 检查目标文件是否已存在，父目录是否存在，客户端是否有写权限。如果验证通过，NameNode 会在文件系统的元数据中记录该文件的路径信息，但此时文件内容尚未写入。NameNode 通知客户端可以上传。

②客户端负责将文件拆分成大小为 128MB（默认值的情况下）的文件块，并向 NameNode 请求第 1 个文件块上传到哪几个 DataNode 服务器上。

③NameNode 返回 3 个 DataNode 节点，假设分别为 DataNode1、DataNode2 和 DataNode3。

④数据以流水线方式写入，即客户端将文件数据流写入到第 1 个节点 DataNode1，DataNode1 将收到的数据转发给 DataNode2，DataNode2 将数据再转发给 DataNode3。当 DataNode3 成功接收到数据并完成校验后，会向 DataNode2 发送确认消息，DataNode2 收到确认后，向 DataNode1 发送确认消息，DataNode1 收到确认后，再向客户端发送最终的确认消息。

⑤当一个 Block 传输完成之后，客户端再次向 NameNode 请求上传第 2 个文件块的服务器。

（3）HDFS 读取操作的操作步骤。

①客户端向 NameNode 发送读取文件请求，NameNode 接收到请求后，查找该文件

的元数据信息，确定该文件是否存在及它的各个数据块位置，将文件对应的所有数据块（包括副本）的位置信息返回给客户端。

②客户端根据 NameNode 返回的 DataNode 列表，按照机架敏感策略选择读取节点，即首选与客户端同一节点或机架上的 DataNode，如果同机架无合适的节点，则选择其他机架上的节点读取数据。

③客户端向选择的 DataNode 发送读取请求，请求包括要读取的块的起始位置和长度。

④DataNode 接收到读取请求后，从本地磁盘读取数据块，并将数据块返回给客户端。

3.3.2.3 Ceph

Ceph 是一个开源的分布式存储系统，使用 C++语言开发，具有高扩展性、高性能、高可靠性的优点。Ceph 目前已得到众多云计算厂商的支持，RedHat 及 OpenStack，Kubernetes 都可与 Ceph 整合以支持虚拟机镜像的后端存储。我国很多云平台，如阿里、华为等，都将 Ceph 作为底层的存储平台。

（1）Ceph 的架构。Ceph 的组成架构如图 3-20 所示，主要组成部分包括：

①RADOS 基础存储系统。RADOS 是“Reliable，Autonomic，Distributed Object Store”的缩写。RADOS 是 Ceph 最底层的功能模块，是一个无限可扩容的对象存储服务，能将文件拆解成无数个对象（碎片）存放在硬盘中，大大提高了数据的稳定性。RADOS 群集中有两种类型的节点：对象存储守护程序（Object Storage Daemon，OSD）和监视节点（Monitor，MON）。OSD 负责存储数据、处理读写请求、执行数据复制、数据恢复和数据再平衡等操作。MON 节点负责维护集群的状态信息，Ceph 集群通常会有多个 MON 节点，以实现高可用性和故障转移。

②LibRados 基础库。Librados 提供了与 RADOS 进行交互的方式，并向上层应用提供 Ceph 服务的 API 接口，目前提供 PHP、Ruby、Java、Python、Go、C 和 C++支持。

③高层应用接口。包括 3 个部分：对象存储接口，基于 Librados 开发的对象存储系统，提供 S3 和 Swift 兼容的 Restful API 接口；块存储接口，基于 Librados 提供块设备接口，主要用于物理主机和虚拟机；文件系统接口，提供了一个符合 POSIX 标准的文件系统，它使用 Ceph 存储集群在文件系统上存储用户数据。

④应用层。基于高层接口或者基础库 Librados 开发出来的各种 APP，或者主机、虚拟机等诸多客户端。

（2）Ceph 写入操作步骤。

①客户端发起写入请求，通过 MON 节点获取当前集群状态和合适的 OSD 节点信息。

②MON 返回与写入数据相关的 OSD 列表。这些 OSD 通常根据 CRUSH 算法选择，以实现数据的均匀分布和负载均衡。

③客户端将数据写入选定的 OSD。这个过程通常涉及多个 OSD，因为 Ceph 默认情况下会将每个对象复制到多个 OSD（例如，3 副本）。

④OSD 接收到数据后，首先，将其写入本地内存（或日志）中；其次，将数据异

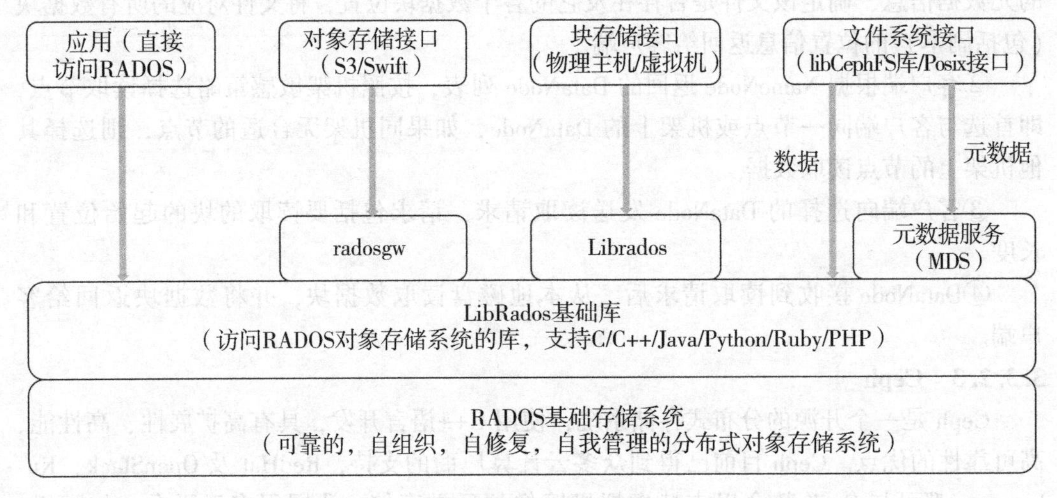

图 3-20　Ceph 架构

步写入磁盘，同时将数据的副本写入其他 OSD。一旦所有副本都成功写入，OSD 会向客户端返回写入成功的确认信息，如果写入过程中遇到错误，客户端会收到相应的错误反馈。

（3）Ceph 读取操作步骤。

①客户端发起读取请求，向 MON 节点查询想要读取的数据的位置。

②MON 节点根据 CRUSH 算法返回该数据的 OSD 列表。客户端获得存储该对象的 OSD 的信息。

③客户端直接与相应的 OSD 通信，发送读取请求，OSD 从磁盘中读取请求的数据，并将其返回给客户端。如果客户端请求的 OSD 不可用，客户端会尝试从返回的 OSD 列表中的其他 OSD 请求数据，确保读取操作的高可用性。

3.3.3　关系型数据库

关系型数据库（Relational Database）是一种使用关系模型来组织和管理数据的数据库系统。在关系型数据库中，数据以表格的形式存储，每个表由行和列组成，表之间可以通过主键和外键建立关系。

关系型数据库仍然是当前应用最广泛的数据库类型，商用数据库主流产品有 Oracle、Microsoft SQL Server、IBM Db2 等，近年来国产数据库发展迅速，主要产品有阿里的 OceanBase、PolarDB，PingCAP 公司的 TiDB，人大金仓，达梦数据库，南大通用 GBASE，华为 GaussDB 等。开源数据库主流产品有 MySQL、PostgreSQL、MariaDB、SQLite、Firebird 等，此外，华为推出的开源数据库 OpenGauss 也在国内得到了广泛关注。

3.3.3.1　关系型数据库的主要特性

（1）数据结构化。关系型数据库中的数据以表格的形式组织，每个表格包含若干行和列。列表示表格中的数据项，行表示表格中的一个数据记录。这种结构化的数据组织形式使得数据的存储和查询更加有序和高效。

（2）数据完整性。关系型数据库对数据的完整性进行了严格的约束，包括实体完整性、参照完整性和域完整性等。实体完整性用于确保每个表中的每一行都有一个唯一的标识符，通常通过主键（Primary Key）来实现。参照完整性用于维护表与表之间关系的有效性，确保外键（Foreign Key）的值在引用的表中是有效的。域完整性确保表中每一列的数据符合预定义的规则或约束（如数据类型、值范围、格式、默认值等）。

（3）事务性。关系型数据库强调 ACID 规则（原子性（Atomicity）、一致性（Consistency）、隔离性（Isolation）、持久性（Durability）），支持事务管理，确保一组数据库操作要么全部成功，要么全部失败，可以满足对事务性要求较高或者需要进行复杂数据查询的操作。

（4）数据独立性。包括数据的物理独立性和逻辑独立性。物理独立性是指对数据库进行物理更改时，不需要修改应用程序或查询语句。逻辑独立性是指在修改数据库中的逻辑结构时，不需要修改应用程序或查询语句。

（5）支持 SQL 查询语言。关系型数据库支持结构化查询语言（SQL），这是一种用于定义、操作、控制和管理数据的标准语言，提供对数据的增删改查等操作。

3.3.3.2 几种常用关系型数据库

（1）Oracle。Oracle 数据库，又名 Oracle RDBMS，或简称 Oracle，是甲骨文公司的一款关系型数据库管理系统，在可用性、可扩展性、数据安全性、稳定性和性能等方面具有明显优势，被广泛用于企业级应用，尤其是金融、电信、政府等领域。

近年来 Oracle 不断进行技术创新和功能优化，在传统关系型数据库的基础特性之外推出了更多新特性。

①分布式列存储。允许将数据存储在多个节点上，通过将大型表的数据分布到多个节点上，从而提高查询性能和并发处理能力。

②自适应查询优化器。可以根据实际的查询执行计划和统计信息，自动调整查询优化器的参数，以提高查询性能。通过使用自适应查询优化器，可以减少手动调整查询优化器参数的时间和工作量，从而提高数据库管理员的工作效率。

③并行执行引擎。允许在同一个 SQL 语句中并行执行多个操作，从而提高查询性能，减少查询执行时间，提高系统的响应速度。

④智能索引。可以根据实际的查询需求和数据分布情况，自动创建和优化索引，通过使用智能索引，可以减少索引的创建和维护工作量，提高数据库的性能。

⑤云原生支持。提供了多租户架构、自动化管理、弹性伸缩等功能，以支持在云环境中运行和管理数据库。

⑥增强的安全性。增加了数据屏蔽（Data Masking）和透明数据加密（Transparent Data Encryption）功能，确保数据在传输和存储中的安全性。提供了数据库访问审计和行为分析，能有效监控并防止异常访问。

⑦JSON 数据支持。不断强化对 JSON 数据的原生支持，包括 JSON 查询、索引和存储功能，以方便在关系数据库中管理半结构化数据。

⑧大数据和人工智能支持。Oracle 数据库提供了多种大数据处理技术，如 Hadoop、

Spark 等，以支持对海量数据的处理和分析，Oracle 数据库还提供了深度学习库、机器学习平台等功能，以支持人工智能应用的开发和部署。

（2）MySQL。MySQL 是一种开源关系型数据库管理系统，最初由 MySQL AB 开发并维护，2008 年，MySQL AB 被 Sun Microsystems 收购，后者在 2010 年又被 Oracle 收购，目前 MySQL 由 Oracle MySQL 团队开发和维护。

MySQL 是 Web 领域最受欢迎的数据库之一。虽然与 Oracle 等大型数据库相比，它有不足之处，但是其功能完全可以满足一般中小型企业的需求，加上其开源特性，使用成本低，同时可移植性也非常好，受到了广大 Web 开发者的广泛欢迎。

MySQL 面向不同应用场景设计了多种数据库引擎，用户可以根据应用程序的需求和特定的工作负载来选择合适的引擎，常用的存储引擎有：

①InnoDB。InnoDB 是 MySQL 的一种事务安全的存储引擎，支持事务、外键约束和行级锁定等功能。MySQL5.5 版本之后，InnoDB 成为默认数据库引擎。适合银行、财务系统或其他需要高一致性和数据完整性的场景。

②MyISAM。MyISAM 是非事务性存储引擎，不支持事务和外键约束等功能，其优势是数据访问速度较快，支持全文索引，适用于只读或读多写少的应用，如内容管理系统、博客、论坛等。

③MEMORY。MEMORY 存储引擎是将数据存储在内存中，因此读写速度非常快，但是数据会在数据库重启时丢失，适用于缓存、临时表、会话管理或需要高速访问的小数据集。

④CSV。CSV 存储引擎将数据存储为 CSV 格式文件，每个表对应一个 CSV 文件，不支持索引，因此查询性能较差，适用于数据交换和导入导出。

⑤ARCHIVE。ARCHIVE 存储引擎用于存储大量归档数据，支持行级压缩，但不支持索引，只支持插入和查询操作，不支持数据更新和删除，适用于日志管理系统、历史数据归档。

⑥BLACKHOLE。BLACKHOLE 存储引擎实际上不存储数据，所有插入的数据都会被丢弃，常用于测试环境或数据复制场景下的数据流转。

⑦FEDERATED。FEDERATED 存储引擎允许访问远程数据库的表数据，适用于分布式数据库的场景。

（3）PostGreSQL。PostgreSQL 是一个功能非常强大的、开源关系型数据库管理系统，可以在多种操作系统下运行，支持多种高级功能，如多版本并发控制（MVCC）、按时间点恢复（PITR）、表空间、异步复制、嵌套事务、在线热备、复杂查询的规划和优化等。

除传统的关系型数据库功能外，PostGreSQL 还通过扩展插件 PostGIS 提供了较好的 GIS 数据管理功能，使其成为在地理信息领域最常用的数据库之一。PostGIS 提供的核心功能有：

①支撑多种空间数据类型。包括点（Point）、线（Linestring）、多边形（Polygon）、多点（Multipoint）、多线（Multilinestring）、多多边形（Multipolygon）、几何集合（Geometry Collection）等。

②高效空间索引。通过 R-Tree 和 GiST（广义搜索树）建立空间索引，支持大规模地理数据的高效空间查询，如邻近查询、包含查询、相交查询等。

③空间操作函数。PostGIS 提供了大量的空间操作函数，用于对空间数据进行分析和处理。

④坐标系转换。支持地理空间数据的投影和坐标转换。它内建了 EPSG 库，能够识别和转换世界范围内的不同坐标参考系（CRS）。

⑤3D 和 4D 支持。支持三维几何体（如 ST_ 3DIntersects，ST_ 3DDistance 等函数），并支持时间作为第四维数据进行存储和查询。

（4）SQLite。SQLite 是一款轻型的数据库，是遵守 ACID 的关系型数据库管理系统，它包含在一个相对小的 C 库中，它的设计目标是为嵌入式环境提供数据库支持，资源占用率非常低。被广泛用于移动应用、桌面软件、嵌入式系统和物联网设备中。

与常见的客户—服务器形式的数据库不同，SQLite 引擎不是一个独立的数据库进程，而是通过库调用集成到应用进程中，它的整个数据库（包括定义、表、索引和数据本身）在宿主主机上存储在一个单一的文件中，方便进行复制和移动。

由于其轻量级和易于集成的特性，SQLite 是移动应用程序（如 Android、iOS）的首选数据库。桌面软件通常也使用 SQLite 存储用户设置、历史记录、缓存数据等，例如，Firefox 和 Chrome 使用 SQLite 存储浏览历史。

3.3.3.3 关系型数据库发展趋势

（1）存算分离、资源池化。存算分离架构将计算和存储资源充分解耦，以实现存储和计算资源独立扩展，比如，在数据查询高峰期，可以增加计算节点，而在数据写入高峰期则可以增加存储节点。资源池化是指将多个计算和存储资源整合到一个统一的资源池中，从而实现高效的资源管理和调度。存算分离和资源池化是现代关系型数据库架构中的关键设计原则，AWS Aurora、阿里云 PolarDB、OpenGauss 等都不约而同采用了存算分离架构去提升数据库的整体能力。

（2）混合事务与分析处理（Hybrid Transactional and Analytical Processing，HTAP）。随着业务对实时数据分析需求的增加，传统的 OLTP（联机事务处理）和 OLAP（联机分析处理）逐渐融合，HTAP 成为新的趋势。HTAP 数据库集合事务处理、分析处理、数据同步、查询优化、资源调度等多种技术，实现在事务型行存基础上，定期将增量数据合并到列存储中，用以满足分析型负载，并结合分布式调度技术实现并行化，进一步加速处理。目前各大厂商都在布局 HTAP，如阿里云 PolarDB、腾讯云 TDSQL、OpenGauss 等。

（3）多模态数据库。现代应用往往需要处理多种数据类型，如文档（JSON）、图（Graph）、键值对等。为了简化系统架构，关系型数据库正在扩展以支持更多的数据模型和存储方式。像 PostgreSQL、Oracle 等关系型数据库已经支持文档、图等数据类型。

（4）分布式数据库。随着大数据和高并发场景的增加，关系型数据库开始逐渐向分布式系统发展。通过分片、复制、分布式事务等机制来实现更高的水平扩展性、可用性和容错性。

（5）人工智能与自动化数据库管理。通过机器学习和人工智能技术的应用，数据库的管理正在向智能化方向发展，许多数据库系统引入了自调优、自修复、自管理等功能。

(6) 更好的安全与数据隐私保护。随着各国对数据隐私和安全的重视，关系型数据库需要满足更高的数据安全和合规性要求。数据库厂商在数据加密、访问控制、审计日志等方面进行了大量革新，透明数据加密（TDE）、行级安全（Row-Level Security）、列级加密等功能正成为主流数据库的标准配置。

3.3.4 非关系型数据库

非关系型数据库（NoSQL 数据库）不使用传统的关系模型，而是采用不同的数据存储方式，适合处理大规模数据、高并发请求及灵活的数据模型。

随着互联网 Web2.0 网站（由用户主导生成网站内容）的兴起，传统的关系数据库在处理 Web2.0 网站，特别是超大规模和高并发的 SNS（社会性网络服务）类型的 Web2.0 纯动态网站已经显得力不从心，出现了很多难以克服的问题，而非关系型的数据库则由于其本身的特点得到了非常迅速的发展。非关系型数据库的产生就是为了解决大规模数据集合多重数据种类带来的挑战，特别是大数据应用难题。

非关系型数据库按照数据组织方式的不同可以分为：键值数据库，如 Redis、Dynamo、Riak、Voldemort、BerkeleyDB 等；文档数据库，如 MongoDB、CouchDB、Lorus Notes、SequoialDB 等；列存数据库，如 Hbase、Hypertable、SimpleDB 等；图数据库，如 Neo4J、Amazon Neptune 等。

3.3.4.1 键值数据库

(1) 定义和特点。键值（Key-Value）数据库使用简单的键值对的形式存储数据。这种数据库将数据存储为键值对集合，其中键作为唯一标识符。键和值都可以是从简单对象到复杂复合对象的任何内容。价值数据库的特点主要有：

①简单的数据模型。键值存储的模型极为简单，每条记录仅由键和对应的值构成，值可以是字符串、二进制数据、JSON 或其他任意类型，适用于各种场景。

②高性能。由于键值存储数据库通常通过哈希表组织数据，读写复杂度为 O（1），具备非常高的读写性能，适用于高并发读写的场景。

③高扩展性。键值数据库通常支持水平扩展，能够轻松在多个节点上分布存储和处理数据，便于处理海量数据和高并发访问。

常用的键值数据库有 Redis 和 Memcached，两者均是内存数据库，常被用来当作服务器的缓存层，以减少数据库访问次数，提升性能。

(2) Redis。Redis（Remote Dictionary Server）是一个开源、基于内存的数据存储系统，以读写速度快著称，每秒可以处理超过 10 万次读写操作，支持持久化。Redis 提供了多种数据结构支持，不仅是简单的键值对，还包括列表（List）、集合（Set）、有序集合（Sorted Set）、哈希（Hash）、位图（Bitmap）和超日志（HyperLogLog）等，使得它能够处理更复杂的数据操作，如排行榜、队列、会话管理等。

Redis 支持水平扩展，能够通过分片和复制提高可用性和容错能力。它的主从复制功能允许数据在多个节点间进行复制，Redis Cluster 还能实现自动分区和故障转移，确保在节点故障时服务仍然可用。此外，Redis 支持 Lua 脚本执行、原子性事务和管道操作，极大提高了对复杂场景的支持能力。

（3）Memcached。Memcached 是一个开源的，支持高性能、高并发的分布式内存缓存系统，由 C 语言编写。Memcached 不支持持久化，仅用于临时性数据的高速缓存，因此重启 Memcached 或重启操作系统会导致 Memchached 内全部数据消失。

Memcached 虽然是分布式缓存系统，但服务器端并没有分布式功能，各个 Memcached 不会互相通信以共享信息，其分布式通过客户端实现。客户端通常会维护一个 Memcached 服务器列表，当客户端需要将数据存储到 Memcached 时，会根据某种哈希算法（通常是一致性哈希）将数据分配到不同的 Memcached 实例中。每个 Memcached 实例负责存储特定数据集的一部分，从而实现负载均衡和高效资源利用。

3.3.4.2 文档数据库

（1）定义和特点。在传统的数据库中，信息被分割成离散的数据段，而在文档数据库中，文档是处理信息的基本单位，通常采用 JSON、BSON 或 XML 等格式，适合存储结构化或半结构化的数据。与传统关系型数据库相比，文档数据库有如下特点。

①灵活的模式。与关系型数据库必须有固定的行列结构不同，文档数据库无固定模式，允许不同文档之间拥有不同的字段和结构，开发者可以根据业务需求灵活调整数据结构，因此适合处理动态变化的数据。

②数据嵌套与复杂数据类型。文档数据库用数据嵌套代替关系模型，文档内部可以包含子文档或数组，使其非常适合表示对象和层次结构的数据。

③水平扩展性好。文档数据库通常在设计上考虑了分布式架构，支持水平扩展，能够将数据分布在多个节点中，实现高可用性和容错性，适应处理海量数据和高并发请求。

④弱事务支持。部分文档数据库支持事务，但通常不如关系型数据库严格，许多文档数据库更倾向于最终一致性模型，以提高性能和可扩展性。

常见的文档数据库有 MongoDB、CouchDB 等，被广泛应用于电商、社交媒体、实时分析等场景。

（2）MongoDB。MongoDB 是一个基于分布式文件存储的开源 NoSQL 数据库系统，专为存储和管理半结构化数据而设计，使用 C++语言编写。它使用 BSON（Binary JSON）格式存储数据，以 JSON 风格的文档形式记录信息，具有极强的灵活性和可扩展性。MongoDB 是非关系型数据库当中功能最丰富，最像关系型数据库的，它的查询语言非常强大，能够提供类似关系数据库单表查询的绝大部分功能，而且还支持创建索引。

MongoDB 的存储结构主要包括 3 个单元，从低到高依次为：

①文档（Document）。这是 MongoDB 中最基本的单元，由 BSON 键值对组成，类似于关系型数据库中的行。

②集合（Collection）。一个集合可以包含多个文档，类似于关系型数据库中的表。集合中的文档可以具有不同的结构，不需要遵循固定的模式。

③数据库（Database）。一个数据库中可以包含多个集合，可以在 MongoDB 中创建

多个数据库，类似于关系型数据库中的数据库。

MongoDB 在分布式方面支持复制集群和分片集群：

①复制集群是 MongoDB 的高可用性解决方案，由一个主节点（Primary）和多个从节点（Secondary）组成，主节点负责处理所有的写入操作，而从节点则复制主节点的数据，从节点可以进行读操作，但默认还是主节点负责整个复制集群的读。主节点发生故障时，自动从从节点中选举出一个新的主节点，确保集群的正常使用。

②分片集群是 MongoDB 的分布式版本，相较副本集，分片集群数据被均衡地分布在不同分片中，不仅大幅提升了整个集群的数据容量上限，也将读写的压力分散到不同分片，以解决副本集性能瓶颈问题。

MongoDB 的常用应用场景有：内容管理系统（CMS），内容管理系统需要处理大量非结构化和半结构化数据，如文章、图片、视频等，MongoDB 的灵活文档模型使其十分适合存储这些数据；日志管理，MongoDB 具备高吞吐量的写入能力，适合用作日志数据的存储库，并支持实时查询和分析；物联网数据存储，存储设备产生的半结构化数据，满足物联网应用的高并发数据写入需求；电商、社交平台的实时数据处理，MongoDB 的高读写性能够支持该类型平台数据的快速查询和更新。

（3）CouchDB。CouchDB 是一个开源的面向文档的数据库管理系统，术语“Couch”是“Cluster Of Unreliable Commodity Hardware”的首字母缩写，表示 CouchDB 可以在容易出现故障的硬件上也可以提供高可用性和高可靠性。CouchDB 最初是用 C++ 编写的，2008 年之后转用 Erlang 开发。CouchDB 提供 HTTP/REST 形式接口，客户端通过 HTTP 请求与数据库进行交互，这使得它与 Web 应用的集成更加简便和直观。

CouchDB 是一个支持分布式的数据库，它可以把存储系统分布到多台物理节点上面，并且很好地协调和同步节点之间的数据读写一致性，这得益于 Erlang 优秀的并发特性。

CouchDB 采用多版本并发控制（MVCC），允许并发读写，且避免了写锁定。每次文档更新会生成一个新的版本，不影响其他用户的读操作，确保高可用性和数据一致性。

CouchDB 使用 MapReduce 函数生成视图（Views），以便对文档进行复杂的查询和数据聚合。这种基于 MapReduce 的查询机制非常适合进行大规模数据处理。

CouchDB 适合的应用场景有：离线优先的移动应用、内容管理系统、Web 应用、物联网应用、分布式文件系统等。值得一提的是，区块链领域的一个常用开源项目 Fabric 也支持使用 CouchDB 作为其状态存储数据库。

3.3.4.3 列存数据库

（1）定义和特点。列存数据库（Columnar Database）是一种以列为基础存储数据的数据库，用于优化数据存储和查询性能，特别是在分析型应用和数据仓库场景中。与传统的行式存储数据库（Row-Based Database）不同，列存数据库按列而非按行存储数据，这使得它在某些应用中表现出更高的查询效率和压缩比。列存数据库相比于行存数据库的主要区别在于：

①数据存储结构不同。列存数据库将数据按列存储，每一列的数据存储在一起，便

于进行列级的压缩和快速访问。

②压缩效率高。列存数据库通常具有更高的压缩比，因为同一列的数据往往具有相似的类型和特性，可以使用更有效的压缩算法来减少存储空间。

③查询性能高。在执行聚合操作（如 SUM、AVG、COUNT）和筛选操作时，列存数据库可以只读取相关列的数据，从而减少 I/O 操作，显著提高查询性能。许多列存数据库支持并行查询处理，可以同时对多个列进行操作，这样进一步提升了处理速度。

④更新性能较差。由于数据按列存储，列存数据库写入操作（尤其是随机写入）通常比行存数据库慢，不太适合频繁更新的在线事务处理（OLTP）场景。

列存数据库中比较著名的是谷歌的 Bigtable 和 Hadoop 的 HBase，HBase 可以认为是 Bigtable 的开源实现。

（2）HBase。HBase 全称"Hadoop Database"，是一个高可靠性、高性能、面向列、可伸缩的分布式存储系统，利用 HBase 技术可在廉价服务器上搭建起大规模存储集群。

HBase 底层是 HDFS 文件系统，其架构设计充分利用了 HDFS 的分布式存储特点，主要组成部分有：

①Region。Region 是 HBase 中数据的基本单位，是一个连续的行集合，每个 Region 按行键的字典序存储，一个 Region 过大时会被拆分成两个 Region，以实现负载均衡。

②RegionServer。RegionServer 是 HBase 的工作节点，每个 RegionServer 负责存储和管理多个 Region。

③HMaster。HMaster 是 HBase 的主节点，负责管理整个 HBase 集群的元数据和 RegionServer，不直接参与数据读写。

④HFile。HFile 是 HBase 的底层存储文件格式，用于在磁盘上存储数据。HFile 按列族存储，优化了读取性能，支持数据压缩，允许存储多个版本的数据。

⑤MemStore。MemStore 是 RegionServer 中的内存缓存，用于临时存储写入操作的数据，当 MemStore 达到配置的大小限制时，其数据会被 Flush 到 HFile 中。

⑥ZooKeeper。ZooKeeper 是一个分布式协调服务，HBase 使用 ZooKeeper 来管理集群的状态。

⑦HBase Shell。HBase Shell 是一个命令行界面工具，用于与 HBase 进行交互，执行 HBase 的管理操作，如创建表、删除表、插入和查询数据等。

HBase 具有高度可扩展、强一致性、支持随机读取和写入、支持稀疏数据存储等优点，可用于海量日志和监控数据存储、社交网络和用户行为分析、实时推荐系统、时间序列数据存储等场景。

3.3.4.4 图数据库

（1）定义和特点。图数据库（Graph Database）是一种专门用于处理图形结构数据的数据库，其设计主要用于表示和处理数据中复杂的关系。图数据库将数据存储为节点（Nodes）和边（Edges），并赋予它们属性（Properties），特别适合表示社交关系、网络结构和路径依赖性强的数据结构。图数据库的主要优势体现在：

①自然的数据表示。图数据库能够直接反映现实世界中的复杂关系，可以轻松表示社交网络、供应链、推荐系统等需要深度连接和关系查询的场景。

②高效的关系查询。图数据库的设计能够直接从节点连接到相关节点，不需要使用连接（JOIN）操作，因此查询性能大大提高，尤其在多层关系查询场景中表现出色。

③数据模型灵活。由于图数据库可以随时添加新的节点和边，不需要固定的表结构，因此特别适合存储关系复杂且不断变化的数据。

④适用于稀疏数据。图数据库对于稀疏关系有较好的存储和查询性能，不会因为无关的数据而浪费存储资源。

图数据库的特性使其被广泛应用于社交网络分析、推荐系统、路径和网络分析、欺诈检测、知识图谱等多个领域。常见的图数据库系统有 Neo4j、Amazon Neptune 等。

（2）Neo4j。Neo4j 是一种开源的图数据库，广泛用于存储和管理图结构数据。它基于图理论，采用节点、边和属性的方式来表示和查询数据。

Neo4j 以 Cypher 作为查询语言，提供一种类似于 SQL 的语法，方便用户进行图查询，支持图遍历、模式匹配、聚合等功能，使得复杂查询变得简单直观。提供高并发和事务的 ACID 支持，非常适合需要频繁关系查询和实时分析的应用。

（3）Amazon Neptune。Amazon Neptune 是亚马逊云服务（AWS）提供的一种完全托管的图数据库服务，设计用于构建和运行与图形相关的应用程序。它支持属性图和 RDF（Resource Description Framework）两种主要的图模型，用户可根据应用需求选择合适的模型。

Amazon Neptune 的属性图模型支持 TinkerPop Gremlin 查询语言，适合处理具有复杂关系的图数据。RDF 模型支持 SPARQL 查询语言，适合于语义网络和知识图谱应用。

Amazon Neptune 采用完全托管服务方式，针对处理图形查询进行了优化，提供了多级安全保护，能够很好应对社交网络、推荐引擎、知识图谱、生命科学、网络/IT 运营等应用场景的数据管理需求。

3.4 数据分析技术

数据分析的目标是通过对数据的挖掘和解析，发现隐藏的知识和规律。对农业生产来说，数据分析可以帮助实现种植科学化、装备智能化、营销精准化。目前可以应用到农业场景的数据分析方法有统计分析、机器学习、深度学习、优化算法、大模型等。在数据处理架构方面，已经发展出并行计算、分布式计算、GPU 加速等多种高效处理方式，能够支持大规模数据的快速分析。

3.4.1 数据分析算法

3.4.1.1 统计分析

统计分析是利用统计学的方法对数据的总体特征或不同组之间的差异进行分析，进而对分析结果进行解释，得出结论，提出建议或决策。

（1）描述性统计。描述性统计主要用于总结和描述数据的基本特征，侧重于对收集到的数据进行清晰、简洁地呈现和分析。描述性统计的主要分析内容包括：集中趋势测量，参数包括均值、中位数、众数等；离散程度测量，参数包括数据范围、方差（反应离散程度）和标准差（反应波动性）；数据分布的形状，参数有偏度、峰度；数据可视化，如直方图、箱线图、散点图等。

（2）假设检验。假设检验根据样本数据判断总体参数是否符合某一假设。主要分为参数检验和非参数检验两种。

参数检验假定数据服从某分布（如正态分布），通过样本参数的估计量对总体参数进行检验。常见的参数检验方法有 z 检验、t 检验、F 检验等。

非参数检验不需要假定总体分布形式，直接对数据的分布进行检验，适用于数据分布未知，样本量较小，或者数据是顺序型或名义型变量等情况。常用的方法包括曼-惠特尼 U 检验（Mann-Whitney U test）、威尔科克森符号秩检验 Wilcoxon Signed-Rank Test）、克鲁斯克尔-瓦利斯检验（Kruskal-Wallis Test）和卡方检验（Chi-Square Test）等。

（3）方差分析。方差分析，又称“变异数分析”，是 R. A. Fisher 发明的，用于两个及两个以上样本均数差别的显著性检验，为纪念 Fisher，方差分析又称为“F 检验”。

方差分析的前提条件有 3 个：各样本组内观察值相互独立；各样本服从正态分布；各样本组内观察值总体方差相等（即方差齐性）。

常用的方差分析主要包括以下几类：

①单因素方差分析。研究一个定类数据（自变量）对一个定量数据（因变量）的差异性分析，如研究不同肥料对作物生长的影响。

②多因素方差分析。研究两个或多个定类数据（自变量）对一个定量数据（因变量）的差异性分析，如研究不同肥料和不同浇水量对作物生长的影响。

③多元方差分析。研究多个因变量与多个自变量之间的关系，适用于实验中同时观察多个因变量，并考虑多个自变量对它们的影响。

④协方差分析。在方差分析的基础上，考虑一个或多个协变量对因变量的影响，适用于实验中存在一个或多个影响因变量的外部变量。

⑤重复测量方差分析。分析同一组对象在不同条件下的测量结果，适合于重复测量的数据。重复测量设计在医学、生物学研究中较为常见，即在给予一种或多种处理后，在多个时间点上从同一个受试对象重复获得指标的观察值。

（4）回归分析。回归分析是一种用于研究自变量（解释变量）与因变量（响应变量）之间关系的统计方法，它可以帮助我们理解、预测和建模数据。回归分析的基本类型包括线性回归、逻辑回归、多项式回归等。

线性回归是应用最广泛的建模技术之一，用于建立自变量（输入变量）与因变量（输出变量）之间的线性关系模型，其基本形式是通过线性方程来描述这种关系，通常表示为

$$Y=aX+b+e \tag{3-5}$$

式中，Y 是因变量，X 是自变量，a 是斜率，b 是截距，e 是误差项。

线性回归可以分为简单线性回归（一个自变量）和多元线性回归（多个自变量）。

逻辑回归是一种用于处理分类问题的统计模型，特别是二分类问题。与线性回归不

同，逻辑回归的目标是预测因变量为某一类别的概率，而不是直接预测数值。其基本思想是通过逻辑函数（通常是 Sigmoid 函数）将线性组合的自变量映射到 0 和 1 之间，从而得到一个概率值。逻辑回归的数学表达式可表示为

$$P(Y=1 \mid X)=\frac{1}{1+e^{-(\beta_0+\beta_1X_1+\beta_2X_2+\cdots+\beta_nX_n)}} \tag{3-6}$$

式中，$P(Y=1 \mid X)$ 表示在给定自变量 X 的条件下，因变量 Y 为 1 的概率，β_0 是截距，β_1，β_2，…，β_n 是自变量的回归系数。

多项式回归是一种扩展线性回归的方法，引入自变量的高次项（如二次项、三次项等）来捕捉更复杂的曲线形状，建立自变量与因变量之间的非线性关系。多项式回归的基本形式可以表示为

$$Y=\beta_0+\beta_1X+\beta_2X^2+\cdots+\beta_nX^n+e \tag{3-7}$$

式中，Y 是因变量，X 是自变量，β_0，…，β_n 是待估计的回归系数，n 是多项式的阶数，e 是误差项。

（5）相关分析。相关分析是一种统计方法，用于研究两个或多个变量之间是否存在某种统计上的联系，这种联系可以是正相关、负相关或者无相关。需要注意的是，相关性并不意味着因果关系。即使两个变量之间存在显著的相关性，也不能推断一个变量导致了另一个变量的变化。

常用的相关系数类型有：

①皮尔逊相关系数。适用于两个变量均为定量数据的情况，要求数据服从二元正态分布，通常我们简化为两个变量分别服从正态分布，并且无明显异常值。其值范围从 -1到+1，+1 表示完全正相关，-1 表示完全负相关，0 则表示没有线性关系。皮尔逊相关系数计算为

$$r=\frac{\sum(X_i-X)(Y_i-Y)}{\sqrt{\sum(X_i-\overline{X})^2\sum(Y_i-\overline{Y})^2}} \tag{3-8}$$

②斯皮尔曼等级相关系数。又称为秩相关系数或等级相关系数，适用于顺序数据或非正态分布的数据，是用两个变量的秩次大小做相关分析。在进行相关分析时，当 Pearson 系数不满足正态性条件时，Spearman 相关系数用作 Pearson 相关系数的非参数替代。

③肯德尔等级相关系数。同样是用秩次进行相关分析，也属于非参数方法，其计算方法基于数据对的顺序一致性和不一致性，适用于小样本或非正态数据。

（6）时间序列分析。时间序列分析用于按时间顺序排列的数据，以识别数据中的趋势、季节性、周期性及其他特征，以理解过去的变化模式并预测未来的趋势。

时间序列分析常用的方法有：

①平滑方法。平滑方法的目标是把时间序列中的随机波动剔除掉，使序列变得比较平滑，以反映出其基本轨迹，主要有移动平均法和指数平均法两种。移动平均法通过计算数据点在固定窗口内的平均值来平滑数据，而指数平均法则是给最近的数据更大的权重，其他时间数据权重以指数级进行衰减。

②自回归移动平均模型（ARMA）。由自回归（AR）和移动平均模型（MA）两部分组成。AR 自回归模型（Auto Regressive Model）是通过自身前面部分的数据与后面部分的数据之间的相关关系（自相关）来建立回归方程，从而可以进行预测或者分析。MA 移动平均模型（Moving Average Model）是通过将一段时间序列中白噪声（误差）进行加权，得到移动平均方程。

③自回归积分滑动平均模型（ARIMA）。该模型结合了自回归（AR）、差分（I）和移动平均（MA）3 个主要组件，用于捕捉时间序列数据中的复杂模式和结构。

④季节性自回归积分滑动平均模型（SARIMA）。该模型在 ARIMA 模型的基础上，增加了处理季节性成分的部分，能够建模季节性和非季节性变化。

3.4.1.2 机器学习

机器学习是一种使计算机能够从数据中学习并改善自身性能的技术，而无须进行明确的编程。它依赖于模式识别和推理，通过统计模型和算法来实现特定任务。机器学习按照学习方式可分为监督学习、无监督学习、半监督学习、强化学习 4 种。

（1）监督学习（Supervised Learning）。监督学习通过使用已知输入数据（特征）和其对应的输出结果（标签）来训练模型，使其能够预测新的输入数据的输出结果。监督学习常用的算法有两类：回归算法和分类算法。回归算法主要包括线性回归和逻辑回归等（参照 3.4.1.1 中相关内容）。分类算法主要包括支持朴素贝叶斯、K 近邻、支持向量机、决策树、随机森林、梯度提升树、神经网络等。

①朴素贝叶斯算法。朴素贝叶斯分类算法是一种基于贝叶斯定理的简单而有效的分类方法。它的“朴素”之处在于它假设特征之间是条件独立的，即给定类别的条件下，特征之间的关系不影响彼此。这种假设虽然在实际应用中往往不成立，但朴素贝叶斯分类器在许多场景中却表现良好。

朴素贝叶斯算法的核心是贝叶斯定理，可表示为

$$P(C|X)=\frac{P(X|C)\cdot P(C)}{P(X)} \tag{3-9}$$

式中，$P(C|X)$ 为给定特征 X 的情况下，类别 C 的后验概率，$P(X|C)$ 为在类别 C 下，特征 X 的条件概率，$P(C)$ 是类别 C 的先验概率，$P(X)$ 是特征 X 的边际概率。

朴素贝叶斯假设条件独立，即公式 3-10 成立：

$$P(X|C)=P(x_1,x_2,\cdots,x_n|C)=P(x_1|C)\cdot P(x_2|C)\cdots P(x_n|C) \tag{3-10}$$

朴素贝叶斯分类的步骤也比较简单：首先，准备训练数据；其次，计算 $P(C)$，即每个类别在训练数据中出现的概率；再次计算每个特征 x_i 在每个类别 C 下的条件概率 $P(x_i|C)$，最后对于新的未标记的数据，计算其在每个类别下的后验概率 $P(C|X)$，选择后验概率最大的类别作为预测结果。

朴素贝叶斯算法的优势是实现简单、计算效率高，对数据缺失和噪声数据不敏感，在小规模数据和高维数据场景表现良好。缺点是特征条件独立假设往往不成立，可能会影响分类性能，不适合处理特征相关性较强的场景。

②K 近邻。K 近邻算法（K-Nearest Neighbors，KNN）是一个理论上比较成熟的方法，也是最简单的机器学习算法之一，其基本思想是：如果一个样本在特征空间中的 K

个最相似（即特征空间中最邻近）的样本中的大多数属于某一个类别，则该样本也属于这个类别。

K 近邻算法步骤为：首先，准备训练数据集，包括特征和对应的标签；计算测试样本点（也就是待分类点）到其他每个样本点的距离；对每个距离进行排序；其次，选择出距离最小的 K 个点；对 K 个点所属的类别进行比较，根据少数服从多数的原则，将测试样本点归入在 K 个点中占比最高的那一类。

K 近邻算法的优点是思路简单，易于理解和实现，无须估计参数。缺点是需要计算每个测试样本与所有训练样本的距离，计算复杂度高，对离群点和不相关特征敏感，结果易受样本不平衡影响（如一个类的样本容量很大，而其他类样本容量很小时，有可能导致当输入一个新样本时，该样本的 K 个邻居中大容量类的样本占多数）。

③支持向量机。支持向量机（Support Vector Machine，SVM）是一种强大的监督学习算法，主要用于分类问题，也可以用于回归分析。SVM 的核心思想是在特征空间中寻找一个最优的超平面，这个超平面能够将不同类别的数据点尽可能地分开，并且具有最大的间隔。

图 3-21 为支持向量机线性分类示意图，用数学表达为：对给定的输入数据 $X = \{X_1, \cdots, X_N\}$ 和学习目标 $y = \{y_1, \cdots, y_N\}$，其中输入数据的每个样本包含多个特征并构成特征向量，即 $X_i = [x_1, \cdots, x_n]$，而 $y_i \in \{+1, -1\}$，表示二分类，SVM 的目标是找到超平面 $w^T X + b = 0$，使得对任意样本，满足公式 3-11。

$$\max_{w,b} \frac{2}{\|w\|} s.t.\ y_i(w^T X_i + b) \geqslant 1 \qquad (3-11)$$

公式 3-11 等价于公式 3-12：

$$\min_{w,b} \frac{1}{2} \|w\|^2 s.t.\ y_i(w^T X_i + b) \geqslant 1 \qquad (3-12)$$

以上即是支持向量机的基本型。对于线性不可分的数据，SVM 使用核函数将数据从原始的特征空间映射至更高维的希尔伯特空间，从而将其转化为线性可分问题。常用的核函数有线性核、多项式核、高斯核、拉普拉斯核、Sigmoid 核等。

支持向量机的常用求解方法有二次规划（Quadratic Programming，QP）和序列最小优化算法（Sequential Minimal Optimization，SMO）。前者开销较大，适用于中小型数据集，后者可以大大加快训练速度，适用于大规模数据集。

支持向量机算法的主要优点有：能够处理高维数据，不受维度灾难的影响；具有较强的泛化能力，能够有效避免过拟合现象发生；能够更好地处理数据分布不均匀的情况，适用于小样本数据；可以通过核函数将非线性问题转化为线性问题进行处理；有较好的鲁棒性。

支持向量机算法的主要缺点有：对参数敏感，核函数等参数选择不当会导致分类效果较差；计算复杂度高，尤其对大规模数据集和高维数据集，计算时间很长；对数据的缩放敏感，如果数据没有进行归一化处理，可能会导致分类结果的偏差；对噪声数据敏感；仅适用于二分类问题，难以直接处理多分类问题。

④决策树。决策树（Decision Tree）是一种树形结构的监督学习算法，广泛应用于

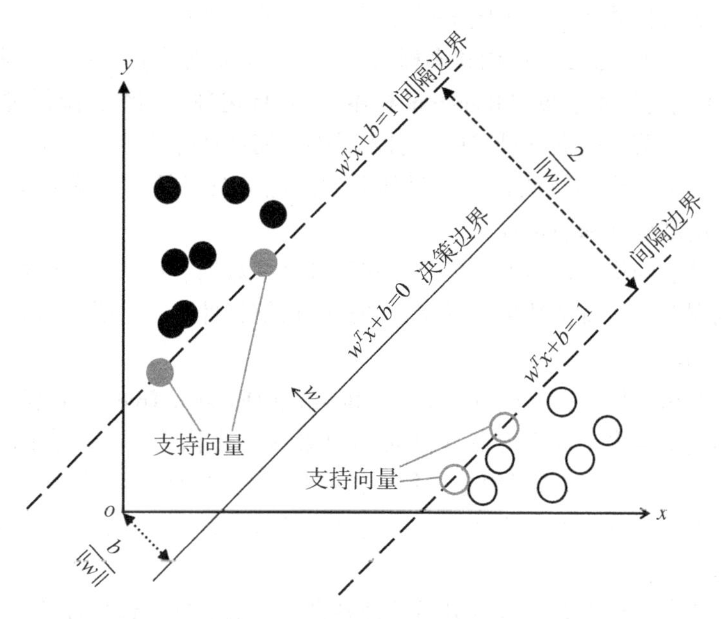

图 3-21　SVM 线性分类示意

分类和回归任务中。它通过递归地将数据集分割成更小的子集，最终形成一个树形模型，用于预测新数据的输出。

决策树由节点和边组成，节点表示特征的测试，边表示测试结果的输出。树的根节点代表整个数据集，内部节点代表特征测试，叶节点代表最终的决策结果（类别或数值）。

决策树的构建过程包括选择特征、分裂节点和停止条件 3 个部分。

选择特征是为每个节点选择一个最能区分数据的特征作为分割标准，常用的方法包括信息增益、信息增益比和基尼指数。

分裂节点是根据选择的特征将数据集分割成子集，并在每个子集上，递归地重复选择特征和分裂节点的过程，直到满足停止条件。

停止条件是递归停止的条件，包括 3 种：当前节点包含的样本完全属于同一类别，无须划分；当前属性集为空，或是所有样本在所有属性上取值相同，无法划分；当前节点包含的样本集合为空，不能划分。

决策树会因为对原始数据学习得过于充分而产生过拟合的问题，缓解过拟合通常通过剪枝操作实现，剪枝方式分为预剪枝和后剪枝两种。预剪枝（Pre-Pruning）是在决策树生长过程中，对每个节点在划分前进行估计，若当前节点的划分不能带来决策树泛化性能的提升，则停止划分并将当前节点标记为叶节点。后剪枝（Post-Pruning）先从训练集生成一棵完整的决策树，然后自底向上地对非叶节点进行考察，若将该节点对应的子树替换为叶节点能带来决策树泛化性能的提升，则将该子树替换为叶节点。

决策树算法的优势是算法容易理解和解释、数据准备要求低、可处理多维数据、计算效率较高。缺点是容易过拟合、对数据变化敏感、需要采取额外的措施来处理不平衡数据。

⑤随机森林。随机森林（Random Forest）是一种基于决策树的集成学习算法，它

通过构建多个决策树并将结果集成来提升模型的准确性和稳定性。

随机森林使用 Bagging 方法创建多棵决策树，即对训练数据进行多次随机采样（有放回），生成不同的样本子集（Bootstrap 样本）。每棵树独立训练，降低过拟合风险。

随机森林在决策树的训练过程中，引入了随机属性选择特性，即在每次分裂时随机选择部分特征（而非全部特征）进行最佳分裂。此策略降低了各树之间的相关性，从而提高了模型的准确性和稳定性。

随机森林算法的优势是高准确度、能够处理高维数据、训练速度较快、能够平衡不平衡数据集的误差、对特征缺失不敏感。缺点是可解释性差、对噪声敏感、在大规模数据集下计算开销较大。

⑥梯度提升树。梯度提升树（Gradient Boosting Decision Trees，GBDT）是一种集成学习方法，通过组合多个弱学习器（通常是决策树）来构建一个强大的预测模型，是 Boosting 算法的一种。其核心思想是，每一棵树学的是之前所有树结论的残差，残差即真实值和预测值之间的差值。梯度提升树通过不断拟合残差，降低损失函数，从而得到越来越精确的模型。

梯度提升树主要优点有：可以灵活处理各种类型的数据，包括连续值和离散值；在相对少的调参时间情况下，预测的准确率也可以比较高；使用一些健壮的损失函数，对异常值的鲁棒性非常强。主要缺点是由于弱学习器之间存在依赖关系，难以并行训练数据。

⑦神经网络。神经网络（Neural Network）是一种模仿人类大脑神经元结构和工作方式的机器学习算法，通过多个层次的计算单元（称为“神经元”或“节点”）来处理复杂的数据关系。神经网络可以自动提取数据中的特征，实现非线性映射，非常适用于分类、回归、图像识别、语音识别、自然语言处理等任务。

如图 3-22 所示，神经网络的结构通常由输入层、隐藏层和输出层组成。

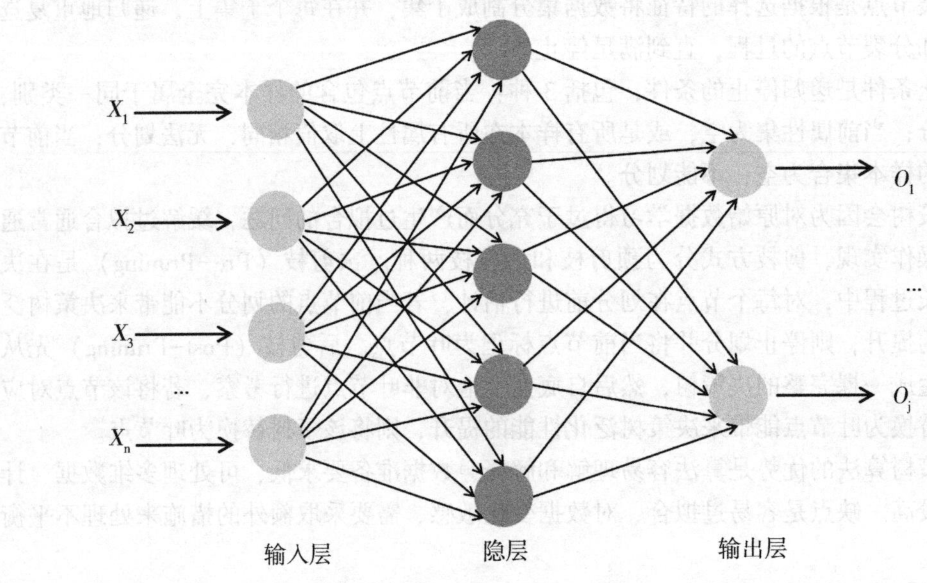

图 3-22　神经网络结构示意

输入层：接收数据的输入，每个节点对应数据的一个特征。

隐藏层：介于输入层和输出层之间，可以有一个或多个隐藏层，每个隐藏层中的节点将前一层的输出进行加权运算并传递给下一层。

输出层：生成最终的预测结果，节点数量通常与输出类别数或回归任务的维度对应。

神经网络通过激活函数（Activation Function）引入非线性，常见的激活函数有ReLU（Rectified Linear Unit）、Sigmoid、Tanh等。激活函数确保了网络能拟合非线性数据分布，突破线性模型的局限，提升模型的泛化能力。

神经网络通过损失函数（Loss Function）评估预测值与真实值之间的差异，常见的损失函数有均方误差、交叉熵等。

神经网络常用的算法有以下几种：

前馈神经网络（Feedforward Neural Networks，FNN）：最基础的神经网络，由输入层、隐藏层和输出层组成，常用于结构化数据的分类和回归问题。

卷积神经网络（Convolutional Neural Networks，CNN）：结构包含卷积层、池化层和全连接层，广泛用于图像分类、物体检测、图像分割等计算机视觉任务。

循环神经网络（Recurrent Neural Networks，RNN）：通过循环结构使得前一时刻的输出可以影响下一时刻的计算，适合处理序列数据，常用于自然语言处理和时间序列分析。

长短期记忆网络（Long Short-Term Memory，LSTM）：是一种循环神经网络的变体，专门用于解决长序列任务。通过门控机制，LSTM能够更好地捕获序列中的长期依赖关系，广泛用于语音识别、机器翻译、文本生成等长序列任务。

图神经网络（Graph Neural Networks，GNN）：是一种用于处理图结构数据的深度学习模型，能够直接操作和学习图中节点和边的信息，主要用于社交网络分析、推荐系统、分子结构预测等。

神经网络算法的主要优点有：神经网络能自动学习的特征，减少了人为干预的需求；能有效建模复杂的非线性关系；适用于各种数据类型，包括图像、文本、语音等；可以通过增加层数和神经元数量扩展其表达能力，扩展性好。

神经网络算法的主要缺点有：需要依赖大量标注数据来进行有效训练；训练过程通常需要大量计算资源；可解释性差；容易出现过拟合问题。

（2）无监督学习（Unsupervised Learning）。无监督学习是指在没有类别信息情况下，从未标记的数据集中发现自然的分组或模式。与监督学习不同，无监督学习的数据没有显示的标签或已知的结果变量，其核心目的是探索数据的内在结构和关系。常用的无监督学习主要包括聚类、降维、关联规则学习、异常检测、生成模型等。

①聚类算法。用于将数据集划分为多个组或簇，使得组内数据点相似性较高，而组间数据点相似性较低。常用的聚类算法有K-均值（K-Means）、层次聚类（Hierarchical Clustering）、DBSCAN（Density-Based Spatial Clustering of Applications with Noise）、均值漂移（Mean Shift）、高斯混合模型（GMM）等。

K-均值算法是一种迭代求解的聚类分析算法，用于将数据集分成K个不同的簇

(或群组)，由于算法简洁、效率好，成为最广泛使用的聚类算法。算法基本步骤是：首先，确定数据要分成的组的数量K；其次随机选取K个对象作为初始的聚类中心，接着计算每个数据点与各个种子聚类中心之间的距离，并把每个数据点分配给距离最近的聚类中心，每分配一个数据点，重新计算聚类中心，重复迭代，直到聚类中心不再发生显著变化（即收敛），或者达到预设的迭代次数。K-均值算法优点是简单高效，缺点是对初始值（不同的初始聚类中心选择会导致不同的聚类结果）和异常值敏感，不适合非球形分布或类别大小不均的数据。

层次聚类不需要事先指定聚类的数量K，而是通过构建一个层次结构（树状图）来表示数据点之间的关系，主要有凝聚型层次聚类和分裂型层次聚类。凝聚型层次聚类从将每个数据点视为一个独立簇开始，逐步合并最接近的簇对，直到达到预定的簇数量或只剩下一个簇。分裂型层次聚类与凝聚型层次聚类相反，它从包含所有数据点的一个簇开始，然后递归地将其分裂成更小的簇，直到每个数据点自成一个簇或达到某个停止条件。层次聚类中常用的计算簇之间距离的方法有单链接（Single Linkage）、全链接（Complete Linkage）、平均链接（Average Linkage）、Ward's方法等。层次型聚类优势是无须预设簇数、直观性好、实用性强。缺点是计算复杂度高、对噪声和离群点敏感。

DBSCAN是一种基于密度的聚类算法，它通过数据点的密度来识别簇的形状，适用于发现任意形状的簇。DBSCAN有两个关键参数和3个关键概念：

ε(Epsilon)：用于指定邻域范围的半径。

MinPts：用于指定形成一个簇所需的最小点数。

核心点：在其ε邻域内包含至少MinPts个点的点。

边界点：位于某个核心点的ε邻域内，但其自身的ε邻域内的点数少于MinPts的点。

噪声点（离群点）：既不是核心点也不是边界点的点。

DBSCAN的算法步骤为：

步骤1：标记所有点为未访问点。

步骤2：任意选择一个未访问的点p，将其标记为已访问，若这个点的ε邻域内点数≥MinPts，则将其作为核心点并建一个新的簇，否则将其标记为噪声点（后续可能会变成边界点）。

步骤3：将p的ε邻域内的所有点都加到步骤2创建的簇中，对簇中的每一个未访问点进行判断，如果是核心点，迭代执行步骤3，如果不是核心点，则是边界点，不进行迭代。

步骤4：重复步骤2~3，直到所有点都被访问。

DBSCAN的优点是能够发现任意形状的聚类，能够有效识别和处理噪声点，不需要预先定义簇的数量。缺点是ε和MinPts的选择对聚类结果影响大，对数据集密度不均匀、簇间距离变化较大的情况表现较差。

均值漂移算法也是一种基于密度的聚类算法，主要用于发现数据分布中的高密度区域，该算法的核心思想是利用数据点的局部密度估计来确定数据点的移动方向，最终达

到数据密度的局部极大值点，从而形成聚类中心。均值漂移算法的运算步骤为：

步骤1：在未被分类的数据点中随机选择一个点作为中心点。

步骤2：在以当前中心点为圆心、半径为 h（带宽参数）的窗口内，计算所有数据点的均值向量，均值向量计算如公式3-13所示，其中，K 是一个核函数（如高斯核函数）。

$$m(x)=\frac{\sum_{i}K\left(\frac{\|x_i-x\|}{h}\right)x_i}{\sum_{i}K\left(\frac{\|x_i-x\|}{h}\right)} \tag{3-13}$$

步骤3：当前中心点移动到计算得到的均值向量位置，并更新中心点。判断新的中心点位置与旧的中心点位置之间的距离是否小于某个预设的阈值。如果是，则认为已收敛，停止移动；否则，返回步骤2继续迭代。

步骤4：重复步骤1~3，直到所有点都被分配到某个聚类中心或所有点都已被处理。

步骤5：由于上面得到的簇可能有相同或非常接近的中心点，需要根据给定的阈值将其所对应的簇合并成一个簇，并更新中心点。

步骤6：数据集中的点可能位于多个簇中，统计每个点在各个簇中所出现的次数，次数最高的簇就是该点最终所属的簇。

均值漂移算法的优点是不需要预先定义簇的数量，对噪声数据有较好的鲁棒性，可以处理非球形数据集。缺点是计算复杂度较高，对带宽参数选择敏感。

高斯混合模型是一种概率模型，使用高斯概率密度函数（正态分布曲线）精确地量化事物，将一个事物分解为若干的基于高斯概率密度函数形成的模型。高斯混合模型主要参数包括：

均值向量 μ_k：每个簇的中心位置。

协方差矩阵 Σ_k：定义每个簇的形状和大小。

混合权重 π_k：每个簇的概率权重。

高斯混合模型是一种常用的聚类算法，一般使用期望最大算法（Expectation Maximization，EM）进行估计，其步骤为：

步骤1：随机初始化 μ_k、Σ_k、π_k 的初始值，或者利用K-均值的结果来初始化均值和协方差。

步骤2：期望步骤（E步）。计算每个数据点属于第 k 个簇的概率（即后验概率），称为责任值，如公式3-14所示。其中 k 是高斯分布的数量（即簇数量），$\gamma(z_{ik})$ 表示数据点 x_i 由第 k 个高斯分布生成的概率，$N(x \mid \mu_k, \Sigma_k)$ 是第 k 个高斯分布，具有均值 μ_k 和协方差矩阵 Σ_k。

$$\gamma(z_{ik})=\frac{\pi_k \cdot N(x_i \mid \mu_k, \Sigma_k)}{\sum_{j=1}^{K}\pi_j \cdot N(x_j \mid \mu_j, \Sigma_j)} \tag{3-14}$$

步骤3：最大化步骤（M步）。根据E步计算的责任值，更新模型参数，均值更新如公式 3-15 所示，协方差矩阵更新如公式 3-16 所示，混合权重更新如公式 3-17 所示，3 式中 N 表示数据集点数。

$$\mu_k = \frac{\sum_{i=1}^{N}\gamma(z_{ik}) \cdot x_i}{\sum_{i=1}^{N}\gamma(z_{ik})} \tag{3-15}$$

$$\Sigma_k = \frac{\sum_{i=1}^{N}\gamma(z_{ik}) \cdot (x_i - \mu_k)(x_i - \mu_k)^T}{\sum_{i=1}^{N}\gamma(z_{ik})} \tag{3-16}$$

$$\pi_k = \frac{\sum_{i=1}^{N}\gamma(z_{ik})}{N} \tag{3-17}$$

步骤 4：重复 E 步和 M 步，直到参数变化小于某个设定阈值，表明收敛。

高斯混合模型的优点是：通过概率分布能够处理簇之间的重叠情况，能适应不同大小和形状的簇，每个数据点被赋予属于各高斯分量的概率，提供了清晰的聚类解释。缺点是：需要指定簇数 K，容易陷入局部最优解，计算复杂度高。

②降维算法。降维算法是一种用于减少数据维度的方法，将高维数据投影到低维空间，从而降低计算成本、减小存储需求，同时提高模型的可解释性和性能。常见的降维算法可以分为线性和非线性两大类。线性降维代表性算法有主成分分析（PCA）等，非线性降维代表性算法有 T-SNE（t-distributed Stochastic Neighbor Embedding）、核主成分分析（KPCA）、局部线性嵌入（Locally Linear embedding，LLE）等。

主成分分析是最常用的线性降维算法之一，它是通过寻找数据在最大方差方向的投影，将高维数据降至低维空间，同时保留数据的主要信息。其主要步骤为：首先，计算数据集的协方差矩阵；其次，通过特征值分解或奇异值分解（SVD）找到一组正交的主成分；最后，将数据投影到特征向量的空间之中，实现降维。主成分分析的优点是高效简便，能够保留数据的主要方差信息，较好地去除噪声。缺点是不适合非线性数据，解释性不强、对异常值敏感。

T-SNE 是一种用于降维和数据可视化的非线性算法，特别适合于将高维数据映射到低维空间（如二维或三维）进行可视化，该算法擅长保留局部结构，使相似的数据点在低维空间中更接近，被广泛应用于图像处理、文本挖掘和生物信息学等领域。T-SNE 的核心思想是通过概率分布来保留数据的邻近关系，使得原始高维空间中相邻的点在低维空间中也尽可能相邻。T-SNE 算法的主要优点是能够捕捉数据中的非线性结构，能保留局部结构，可视化效果好。主要缺点是计算复杂度高，对参数选择敏感，不适合大规模数据集。

核主成分分析是一种将核技巧应用到主成分分析中的非线性降维方法，其核心思想是通过非线性映射将数据从原始空间映射到高维特征空间，在特征空间中执行 PCA。核主成分分析的优点是能够处理非线性数据，有多种核函数可以选择，算法适应性好。缺点是计算复杂度高、效果受核函数选择影响，算法解释性差。

局部线性嵌入是一种非线性降维技术，用于保持数据点间的局部邻域结构。通过选择近邻、构建局部线性模型、优化目标函数和求解新坐标，可将高维数据映射到低维空间。该算法的核心思想是假设在高维空间中的每个数据点都可以由其近邻的线性组合来近似，通过将这种局部线性关系嵌入到低维空间中，可以有效地保留原始数据的局部结构。局部线性嵌入的优点是非线性降维，能够很好地保留数据局部几何结构，计算效率较高。缺点是对噪声敏感，参数选择依赖性强，数据全局结构信息缺失。

③关联规则学习。关联规则学习（Association Rule Learning）通过挖掘频繁项集，识别出频繁出现的模式，并生成有价值的关联规则。常用算法有 Apriori 算法、FP-Growth（Frequent Pattern Growth）算法等。

Apriori 算法的核心思想是利用频繁项集的性质，即如果一个项集是频繁的，那么它的所有子集也都是频繁的，这个特性可以帮助算法减少搜索空间，避免不必要的计算。其主要概念包括：项集（Itemset），指数据集中的一个或多个项的集合；支持度(Support)，指包含该项集的事务的数量；频繁项集，指支持度超过了预定义的阈值的项集。其算法流程概括为：生成候选项集，即从单个项开始，逐渐生成包含更多项的候选项集；计算支持度和剪枝，即计算每个候选项集的支持度，过滤掉支持度低于预设阈值的项集，保留满足条件的频繁项集；迭代生成更大的项集，直到找不到新的频繁项集为止；最后基于频繁项集生成满足最低置信度的关联规则。Apriori 算法的优点是相对简单，容易理解和实现。缺点是计算成本高，在面对大规模数据集时有困难。

FP-Growth 算法是一种高效的关联规则挖掘算法，用于解决 Apriori 算法在处理大规模数据时的性能瓶颈。它通过构建频繁模式树（FP-Tree）来压缩数据集，避免了生成大量候选项集的过程。其算法流程分为构建 FP-Tree 和递归挖掘频繁项集两步。构建 FP-Tree 的流程为：扫描数据集，计算每个项的支持度，移除不满足最小支持度的项；对数据集中的每一笔事务，将其中的频繁项按支持度降序排列，并构建 FP-Tree，不同事务相同的前缀在 FP-Tree 里将合并，从而节省存储空间。FP-Growth 算法的优点是避免了生成大量候选集的过程和多次扫描数据的问题，计算效率高，适合处理大数据。缺点是算法实现复杂，在数据项共享少的情况下内存占用可能较高。

④异常检测。异常检测（Anomaly Detection）是数据分析和机器学习中的一个重要任务，用于识别数据集中与大多数数据显著不同的数据点或模式。这些异常可能表示错误、欺诈、故障或其他值得关注的情况。常见的算法有 Z-Score、孤立森林（Isolation Forest）、单类支持向量机（One-Class SVM）、局部异常因子（Local Outlier Factor, LOF）等。

Z-Score 是异常值检测的一种常见且有效的方法，通过计算每个数据点的 Z-Score，可以识别那些与数据集的其他数据点显著不同的点，即异常值。Z-Score 的计算步骤是：首先，计算数据集的均值（μ）和标准差（σ）；其次，对于数据集中的每个数据点 x，计算其 Z-Score，公式为 $z=\frac{x-\mu}{\sigma}$；最后，设置一个阈值，超过阈值认为是异常值。Z-Score 算法的优点是简洁明了、计算快速。缺点是数据需服从正态分布、阈值选择困难、没有考虑数据点之间的关系或结构、不适合小数据集。

孤立森林是一种基于树结构的无监督学习算法，特别适用于异常值检测。它的基本思想是：异常点是数据中的少数派，它们在特征空间中的分布与正常数据点不同，通常表现为与大多数数据点的距离较远。孤立森林算法的计算步骤是：首先，随机选择一个特征；其次，在该特征的最小值和最大值之间随机选择一个切分点，根据切分点将数据集分割成两个子集；对每个子集迭代上述步骤，直到满足停止条件，例如，子集中的数据点数量小于某个阈值；通过上述过程构建出多棵孤立树，每棵树都是一个随机的分割过程，对于一个新的数据点，通过每棵树计算其路径长度，即从根节点到叶节点的边数；将所有树的路径长度平均，得到该数据点的孤立分数，根据孤立分数判断数据点是否为异常。孤立分数越高，表示数据点越异常。孤立森林算法的优点是时间复杂度低，鲁棒性好，对噪声不敏感。缺点是对参数敏感，如树的数量、每棵树的样本量等；对数据分布敏感，如果数据分布具有特定的结构，孤立森林可能无法有效地识别异常。

单类支持向量机是一种用于异常检测或新颖性检测的无监督学习算法，它的工作原理是：在高维空间中找到一个超平面，使得大多数训练数据（正样本）能够被包含在该超平面的一侧，然后，对于新的数据点，可以通过判断其是否落在边界内来确定其是否为异常。单类支持向量机的优点是：不需要异常数据进行训练，只需要正常数据即可；对于高维数据和复杂的数据分布具有较好的适应性；可以通过调整模型参数来控制异常点检测的灵敏度。缺点是：在处理高维数据和大规模数据时计算复杂度较高；对于数据分布不均匀或存在噪声的情况，效果可能不理想；对参数敏感，需要谨慎选择模型参数，以避免过拟合或欠拟合的情况。

局部异常因子是一种基于密度的异常值检测方法，它通过分析每个数据点相对于其邻域内其他数据点的局部密度，来识别那些局部密度显著低于周围数据点的异常值。其基本思想是：对于数据集中的每个数据点，计算其局部可达密度，并将其与邻域内其他数据点的局部可达密度进行比较，如果这个数据点的局部可达密度显著低于其邻域内的其他数据点，那么该数据点就被认为是异常点。局部异常因子算法的优点是：能够识别局部密度偏差，不仅适用于全局异常检测，还特别适用于局部异常检测；能够处理数据分布不均匀的情况。缺点是：需要计算每个点与其邻域内其他数据点距离和密度，计算复杂度高；对参数选择敏感，参数选择不当可能影响检测效果；可解释性差。

⑤生成模型。生成模型用于学习数据的分布并生成与训练数据相似的新示例，常用的生成模型包括生成对抗网络（GAN）和变分自动编码器（VAE）等。生成模型可以用作数据生成、图像生成和语言建模。

生成对抗网络通过两个神经网络的对抗过程进行训练：生成器（Generator）和判别器（Discriminator）。生成器尝试生成逼真的数据样本，而判别器尝试区分生成的数据和真实数据，通过这种对抗过程，生成器逐渐学会生成越来越逼真的数据样本。

变分自动编码器结合了概率图模型和深度学习的优势，核心思想是通过学习数据的潜在表示（Latent Representation），从而生成与训练数据分布相似的新数据。变分自动编码器的基本结构包括两个主要部分：编码器（Encoder）和解码器（Decoder）。编码器将输入数据映射到一个潜在空间（Latent Space），输出一组参数，通常是潜在变量的均值和方差，通过这些参数，可以从潜在空间中采样，以生成潜在变量。解码器将潜在变量映射回数据空间，生成新的数据样本。

（3）半监督学习（Semi-Supervised Learning）。半监督学习是一种介于监督学习和无监督学习之间的机器学习方法，它利用少量标记数据和大量未标记数据来提升模型的性能。半监督学习在实际应用中非常有用，因为标记数据通常昂贵且耗时，而未标记数据相对容易获取。半监督学习主要算法有：

①自训练（Self-Training）。初始模型使用标注数据进行训练，然后利用该模型对无标签数据进行预测，将预测结果置信度高的无标签数据作为新的有标签数据，加入训练集中，反复迭代直到模型收敛。

②协同训练（Co-Training）。是一种基于多视图的半监督学习方法，通过训练两个或多个不同视角的分类器，分别对无标签数据进行预测，并将一个分类器高置信度的预测结果作为有标签数据供另一个分类器使用，迭代进行训练。

③图半监督学习（Graph-Based Semi-Supervised Learning）。通过构建图结构，将数据点视为图中的节点，利用节点之间的相似性传播标签信息，从而实现无标签数据的标注。图半监督学习方法包括标签传播（Label Propagation）和图正则化（Graph Regularization）等。

④半监督支持向量机（Semi-Supervised SVM，S3VM）。这种方法扩展了传统的支持向量机，使其能够处理未标记数据，核心思想是找到一个决策边界，使得标注数据点的分类误差最小化，而未标注数据点尽可能远离决策边界。半监督支持向量机中最著名的是 TSVM（Transductive Support Vector Machine），TSVM 考虑对未标记样本进行各种可能的标记指派，即尝试将每个未标记样本分别作为正例或反例，然后在所有结果中，寻找一个在所有样本上间隔最大化的划分超平面，划分超平面确定后，未标记样本的最终标记指派就是其预测结果。

⑤半监督聚类（Semi-Supervised Clustering）。结合少量标注数据的监督信息与大量未标注数据，通过改进传统的聚类算法（如 K-Means）来提升聚类效果。

⑥生成式方法（Generative Methods）。此类方法假设所有数据（无论是否有标记）都是由同一个潜在的模型“生成”的，通过潜在模型的参数可以将未标记数据与学习目标联系起来，未标记数据的标记则可看作模型的缺失参数，通常可基于 EM 算法进行极大似然估计求解。此类方法的区别主要在于生成式模型的假设，不同的模型假设将产生不同的方法。

（4）强化学习（Reinforcement Learning，RL）。强化学习，又称再励学习、评价学习或增强学习，是机器学习的范式和方法论之一，用于描述和解决智能体（Agent）在与环境的交互过程中通过学习策略以达成回报最大化或实现特定目标的问题。

强化学习任务通常用马尔可夫决策过程（Markov Decision Process，MDP）来描述：机器处于环境 E 中，状态空间为 X，其中每个状态 $x \in X$ 是机器感知到的环境的描述，机器能采取的动作构成了动作空间 A；若某个动作 $a \in A$ 作用在当前状态上，则潜在的转移函数 P 将使得环境从当前状态按某种概率转移到另一个状态；在转移到另一个状态的同时，环境会根据潜在的“奖赏”（Reward）函数 R 反馈给机器一个奖赏。

强化学习有 3 种主要类型：

①无模型的强化学习。智能体无法获得环境的动态模型。相反，它直接从与环境的相互作用中学习，通常是通过估计价值函数或 Q-函数。

②基于模型的强化学习。智能体构建了一个环境动态的模型，并使用它来计划和决策。该方式可以带来更有效的学习和更好的性能，但需要精确的模型和更多的计算资源。

③逆向强化学习。在这种方法中，目标是通过观察专家示范者的行为来学习他们的基本奖励函数。这在手动设计一个适当的奖励函数具有挑战性的情况下可以有所帮助。

3.4.1.3 深度学习

理论上来说，参数越多的模型复杂度越高、“容量”（Capacity）越大，这意味着它能完成更复杂的学习任务，但复杂模型存在训练效率低，易陷入过拟合等问题，因此在应用方面没有得到大范围推广。随着现代计算机技术发展，计算能力得到了大幅提高，有效缓解了复杂模型的训练低效问题，使得可以通过大幅增加训练数据来降低过拟合风险。因此，以“深度学习”（Deep Learning）为代表的复杂模型开始取得巨大成功。

深度学习一般特指基于深层神经网络模型和方法的机器学习。对神经网络模型，提高容量的一个简单办法是增加隐层的数目，隐层多了，相应的神经元连接权、阈值等参数就会越多。模型复杂度也可通过单纯增加隐层神经元的数目来实现，但从增加模型复杂度的角度来看，增加隐层的数目比增加隐层神经元的数目更有效，因为增加隐层数不仅增加了拥有激活函数的神经元数目，还增加了激活函数嵌套的层数。

（1）与传统浅层学习相比，深度学习的不同。

①强调了模型结构的深度，通常有5层、6层，甚至10多层的隐层节点。

②明确了特征学习的重要性。通过逐层特征变换，将样本在原空间的特征表示变换到一个新特征空间，从而使分类或预测更容易。与人工规则构造特征的方法相比，利用大数据来学习特征，更能够刻画数据丰富的内在信息。

（2）深度学习的主要优势。

①强大的特征提取能力。深度学习模型能够自动从数据中提取高层次的特征，减少了特征工程的工作量，这种能力对图像、自然语言处理等领域非常重要。

②极高的表现力。深度学习模型可以拟合非常复杂的函数，能够处理非线性关系和高维数据。

③可以大规模并行化。深度学习算法可以利用现代GPU（图形处理单元）进行大规模并行计算，极大地提升了训练速度和效率。

（3）深度学习的主要缺点。

①数据需求量大。深度学习模型通常需要大量的标注数据进行训练，数据不足会导致模型难以泛化，从而出现过拟合现象。

②计算资源消耗高。训练深度学习模型需要大量的计算资源，特别是对于深层网络。这需要高性能的硬件如GPU或TPU，以及大量的时间和电力。

③可解释性差。深度学习模型，尤其是深层神经网络，是一个“黑箱”，很难解释其内部工作机制和决策过程。这在某些应用领域（如医疗诊断、金融决策）中可能是一个严重的缺点。

④超参数调优复杂。深度学习模型有许多超参数（如学习率、网络结构、激活函数等）需要调优，找到合适的超参数组合往往需要大量的实验和经验。

3.4.1.4 优化算法

优化算法是一类用于寻找最优解的算法，广泛应用于各个领域，优化问题通常可以表示为

$$\min_{x \in \mathbb{R}^n} f(x) \tag{3-18}$$

$$\max_{x \in \mathbb{R}^n} f(x) \tag{3-19}$$

式中，$f(x)$ 是目标函数，x 是决策变量，可以受到一些约束。优化算法可以根据不同的标准进行分类，如是否有约束、目标函数的特性、是否使用梯度信息等。常见的优化算法有：

①梯度下降法（Gradient Descent）。梯度下降法是一种迭代优化算法，用于寻找函数的局部最小值。通过沿着目标函数梯度的反方向移动，逐步逼近最优解，其基本公式为

$$x_{k+1} = x_k - \alpha f(x_k) \tag{3-20}$$

式中，α 是学习率，$f(x_k)$ 是目标函数在 x_k 处的梯度。

梯度下降法有一些优化变种，如随机梯度下降法（SGD）、动量法（Momentum）、Adam 等。

②遗传算法（Genetic Algorithm）。是一种基于自然选择和遗传学原理的优化算法，它通过模拟自然界中生物进化的过程来寻找问题的最优解，特别适用于解决复杂的优化问题和搜索问题。

遗传算法主要步骤为：初始化种群，即随机生成一个初始种群，种群中的每一个个体（解）通常用一个字符串（如二进制串、实数串等）表示；设计适应度函数（Fitness Function）来评估每个个体的优劣，适应度值越高，表示该个体越优秀；根据适应度值选择个体进行繁殖，常见的选择方法有轮盘赌选择、锦标赛选择等；通过交叉操作生成新的个体，交叉是将两个父代个体的某些基因片段交换，生成后代个体，模拟生物遗传过程中的基因重组；对新生成的个体进行一定概率的变异，以增加种群的多样性，变异通常涉及随机改变个体的某些基因；根据一定的策略，将新生成的个体加入到种群中，替换掉一些适应度较低的个体；重复进行适应度评估、选择、交叉、变异和替换等步骤，直到满足停止条件（如达到最大代数、找到足够好的解等）。

遗传算法优点是：通过选择和变异等操作，能够适应问题的变化，具有较好的自适应性；能够在较大的搜索空间中找到全局最优解，避免陷入局部最优；可以同时处理多个个体，适合在并行计算环境中运行。缺点是：性能很大程度上依赖于参数设置（如种群大小、交叉率、变异率等），不当的参数设置会导致算法性能下降；在某些情况下，遗传算法的收敛速度较慢，特别是当种群规模较大或解空间复杂时，可能需要较多的迭代才能找到满意的解；遗传算法通常提供的是近似解，而非精确解；对于复杂适应度函数，计算成本可能较高，尤其是在解空间较大时。

③模拟退火（Simulated Annealing，SA）。是一种基于随机化的全局优化算法，灵感来源于金属的退火过程。退火是物理学中的一种过程，通过加热固体材料并缓慢冷却，使其内部结构达到最低能量状态，从而减少缺陷，得到更加稳定的晶体结构。模拟退火算法利

用这一过程来寻找复杂问题的近似最优解，其核心思想是从一个初始解出发，逐步探索解空间，通过允许一定概率接受较差的解来避免陷入局部最优，从而寻求全局最优解。

模拟退火算法优点是：通过接受较差解的方式，增加了对解空间的探索，能够有效避免局部最优；可以应用于各种优化问题，包括组合优化、连续优化等；算法结构简单，易于编程实现。缺点是：算法性能受初始温度、降温策略等参数影响较大；在某些情况下，收敛速度较慢，可能需要较长时间才能找到满意的解；需要良好的邻域结构设计，以确保探索的有效性。

④粒子群优化（Particle Swarm Optimization，PSO）。是一种基于群体智能的优化算法，该算法模拟鸟群觅食的行为，通过在解空间中传播粒子来寻找最优解。其核心思想是通过群体中各个粒子的合作和信息共享来寻找最优解。每个粒子代表一个可能的解，并在解空间中移动，粒子的运动不仅受到自身经验的影响，还受到其他粒子经验的影响。

粒子群优化的优点是：算法简单，易于编码，参数设置相对较少；在许多应用中，PSO 能快速收敛，找到近似最优解；适用广泛，可以处理多种类型的优化问题。缺点是：在某些问题中，PSO 可能过早收敛于局部最优解，导致解的多样性不足；参数敏感，惯性权重和加速常数等参数的选择对算法性能影响较大。

3.4.1.5 大模型

大模型通常指的是具有大量参数和复杂架构的深度学习模型，这些模型因其庞大的规模和强大的计算能力而能够处理和理解极其复杂的数据模式和任务。大模型的主要特点有：

架构复杂。大模型使用高度复杂的神经网络架构，如 Transformer 架构，这些架构有多个层级和神经元，以便更好地捕捉数据中的模式和特征。

参数规模巨大。大模型通常包含数亿到数万亿级别的参数，以 GPT-4 为例，有 1.8 万亿个参数，分布在 120 个 Transformer 层上。

大量数据训练。训练大模型通常需要海量的数据，以便模型能够充分学习和泛化，这些数据可以来自各种来源，如文本、图像、音频等。以 GPT-4 为例，其训练用的数据量有超过 13 万亿条。

目前限制大模型发展的因素主要有计算资源、电力消耗、成本和数据等方面。大模型训练和运行需要大量的计算资源，包括高性能 GPU 或 TPU。这不仅需要昂贵的硬件，还需要大量的电力和时间。GPT-4 一次训练就需要消耗 2.4 亿度电，训练成本更是超过 7 000 万美元，谷歌人工智能模型 Gemini Ultra 的训练成本更高，达到了惊人的 1.91 亿美元。大模型的训练需要海量高质量的数据，这些数据的获取和标注也是很大的工作量。

3.4.2 数据处理架构

大数据系统所需的存储容量和计算能力早已超过一台计算机的上限，存储容量可以通过分布式文件系统、分布式数据库等技术进行横向扩展，计算能力也需要相应的数据处理架构来满足计算资源横向扩展能力。目前大数据领域常用的数据处理架构可以分为批处理框架、流处理框架和混合框架 3 种。

3.4.2.1 批处理框架

批处理是一种离线处理方式，适用于对历史数据进行离线分析和处理。它通常在固定的时间间隔内收集一批数据，然后对这批数据进行批量处理。批处理框架的优点在于能够有效处理大量数据，但缺点是对于需要实时性较高的应用场景不够理想，Apache Hadoop 的 MapReduce 是批处理框架的典型代表，此外 Flink 和 Spark 也支持批处理。

（1）MapReduce。MapReduce 架构将数据处理分解为两个主要阶段：Map 阶段和 Reduce 阶段。其主要计算流程为：

①作业提交。用户提交 MapReduce 作业，包括输入数据路径、输出数据路径和 Map/Reduce 函数的实现。

②任务划分。框架将输入数据划分为多个片段（Input Splits），每个片段将由一个 Map 任务处理。

③Map 阶段。每个 Map 任务处理分配到的输入片段，执行用户定义的 Map 函数。Ma 函数的输出是中间键值对（Key-Value Pairs），这些中间结果会被分区并写入本地磁盘。

④Shuffle 和 Sort。在所有 Map 任务完成后，系统会将中间结果进行 Shuffle 和 Sort 操作。Shuffle 阶段负责将 Map 任务输出的中间数据根据键进行分组，Sor 阶段对每个分组中的数据进行排序。

⑤Reduce 阶段。Reduce 任务接收 Shuffle 阶段生成的分组数据，执行用户定义的 Reduce 函数。Reduce 函数的输出通常是最终的结果数据，这些结果会被写入 HDFS 中指定的输出路径。

⑥作业完成。作业完成后，系统会生成作业报告，包含执行的详细信息。用户可以通过客户端或集群管理界面监控作业的执行状态，并查看相应的日志信息。

（2）Spark。Spark 拥有 Hadoop MapReduce 所具有的优点，但不同于 MapReduce 的是，作业的中间输出结果可以保存在内存中，从而不再需要读写 HDFS，从而减少了磁盘 I/O 的需求，提高了处理速度，其处理速度通常比 MapReduce 快 10～100 倍。Spark 能更好地适用于数据挖掘与机器学习等需要迭代的 MapReduce 的算法。

Spark 的核心数据结构称为 RDD（弹性分布式数据集），代表一个不可变的分布式对象集合。RDD 可以从现有的数据集（如 HDFS、S3、HBase 等）中创建，也可以通过对其他 RDD 进行转换（Transformation）生成。

3.4.2.2 流处理架构

流处理是一种实时处理方式，适用于需要快速响应和实时分析的场景，如实时监控、实时警报等。与传统的批处理模式相比，流处理框架可以在数据产生的同时进行实时计算和分析，数据以流的形式在系统中流动。流处理框架的优点在于能够快速响应实时数据，但缺点是对系统的性能和容错性有更高的要求。流处理架构的典型代表有 Apache Flink、Apache Kafka Streams、Apache Storm、Apache Spark Streaming 等。

（1）Apache Flink。Apache Flink 是由 Apache 软件基金会开发的开源流处理框架，其核心是用 Java 和 Scala 编写的分布式数据流引擎。Flink 以数据并行和流水线方式执行任意流数据程序，Flink 的流水线运行时系统可以执行批处理和流处理程序。

Flink 基于分布式数据流引擎，没有自己的存储层，它利用外部存储系统，如

HDFS、S3、HBase、Kafka、Apache Flume、Cassandra 和任何带有连接器集的关系数据库。这使得 Flink 能够以分布式方式处理任何规模、任何来源的数据。其核心是一个分布式执行引擎，支持各种工作负载，包括批处理、流式处理、图处理和机器学习。

（2）Apache Kafka Streams。Apache Kafka Streams 是一个用于构建实时流处理应用程序的客户端库，它直接构建在 Kafka 之上，允许开发者使用纯 Java 或 Scala 代码轻松处理 Kafka 中的数据流。

Kafka Streams 提供了两种核心的流处理抽象：

①KStream。用于表示无界、持续更新的数据流，类似于传统的流处理概念。KStream 可以执行过滤、映射、聚合等操作，也可以与其他 KStream 或 KTable 进行连接（Join）。

②KTable。代表一个随时间变化的、键值对形式的表。KTable 适合存储具有唯一键的、随着时间推移可能会发生更新的数据。当新记录到达时，KTable 会更新其内部状态，反映最新的键值对。KTable 支持 Join 和聚合操作，特别适用于实现基于事件时间的窗口化聚合。

（3）Apache Storm。Apache Storm 是一种侧重于极低延迟的流处理框架，专门用于处理大规模数据流，它支持复杂的数据处理逻辑，适合于实时数据分析、监控以及实时决策等场景。

在 Apache Storm 中，拓扑（Topology）是一个核心概念，指的是数据流处理的逻辑结构和执行架构。拓扑定义了如何处理数据流，包括数据从源头到处理单元的流动路径，以及如何对数据进行操作和输出。拓扑的组成部分有：

①Spouts。Spouts 是拓扑中的数据源，负责从外部数据源（如 Kafka、RabbitMQ、文件、数据库等）接收数据并将其发布到 Storm 的数据流中。

②Bolts。Bolts 是执行计算和数据处理的单元。它们接收 Spouts 或其他 Bolts 输出的数据，进行处理，然后将结果发送到其他 Bolts 或外部系统。Bolts 可以执行各种操作，如过滤、聚合、连接、转换等。

③Streams。数据从 Spouts 到 Bolts 的传输路径称为流，Storm 允许用户定义多个流，以便在拓扑中实现复杂的数据处理逻辑。

④Tuples。数据在 Storm 中以元组（Tuple）的形式传递，元组是一个有序的元素集合，可以包含多种数据类型。

（4）Apache Spark Streaming。Apache Spark Streaming 是一个用于处理实时数据流的扩展库，它基于 Apache Spark 的核心功能，能够实现高吞吐量和低延迟的流式数据处理。

Spark Streaming 的基本抽象是离散流（DStream），代表一个连续的数据流，每个 DStream 由一系列离散的 RDD 组成，这些 RDD 是在固定的时间间隔内接收到的数据。这个时间间隔决定了系统的处理延迟。例如，如果批处理间隔设置为 1s，Spark Streaming 将每秒接收的数据处理成一个 RDD。

3.4.2.3 混合架构

混合架构结合了批处理和流处理的优点，适用于需要同时处理离线和实时数据的场景。这些框架通常可以在同一平台上处理批量数据和实时数据，并提供在两种模式之间切换的灵活性。Spark 和 Flint 都是混合架构的代表。

3.5 数据处理工具

数字农业涉及多种数据的处理，如地理信息数据、遥感数据、传感器数据等，在实际应用中，可借助各种数据处理工具来完成不同的数据处理需求。

3.5.1 地理信息数据处理工具

常用的地理信息数据处理工具主要有 ArcGIS 和 QGIS，ArcGIS 是收费软件，软件成本较高，功能全面，QGIS 是开源软件，不需付费，通过开源社区开发了大量插件来扩展其功能。

3.5.1.1 ArcGIS

ArcGIS 是由 Esri 开发的一套完整的 GIS 平台，旨在帮助用户进行空间数据的创建、分析、可视化和共享。

ArcGIS 主要特性包括：具有强大的地图制图和可视化功能，允许用户创建精美的地图和交互式应用；提供了先进的空间分析工具，支持多种分析方法，如缓冲区分析、叠加分析和网络分析，帮助用户深入理解地理数据；具备全面的地理数据库管理功能，能够有效存储、管理和共享空间数据；支持跨平台（包括桌面、在线和移动设备），方便用户随时随地访问和使用 GIS 功能；提供了丰富的 API 和 SDK，支持开发定制化的 GIS 应用和解决方案。

3.5.1.2 QGIS

QGIS 是一个用户界面友好的桌面地理信息系统，使用 Qt 开发，可运行在 Linux、Unix、Mac OSX 和 Windows 等平台之上。

QGIS 主要特性有：提供了强大的地图制图和空间分析功能，支持多种矢量和栅格数据格式，包括 Shapefile、GeoJSON、KML、PostGIS 等；用户可以进行缓冲区分析、叠加分析、网络分析等多种空间分析任务；拥有一个活跃的插件生态系统，用户可以根据需要安装各种插件，以扩展软件功能；拥有一个活跃的用户社区，用户可以通过论坛、邮件列表和文档获取支持和帮助。

3.5.2 遥感数据处理工具

遥感数据处理工具有很多种，常用的主要有 ERDAS IMAGINE、ENVI（Environment for Visualizing Images，ENVI）等。

3.5.2.1 ERDAS IMAGINE

ERDAS IMAGINE 是由 Hexagon Geospatial 开发的面向企业级的遥感图像处理系统，以其先进的图像处理技术、友好灵活的用户界面和操作方式，以及丰富的功能模块，广泛应用于遥感及相关领域。可以处理各种航空影像（扫描航片、框幅式数字影像等）、无人机影像、遥感卫星影像、雷达影像、高光谱影像及地形数据等。

ERDAS IMAGINE 以模块化的方式提供给用户，用户可根据自己的应用要求、资金情况合理地选择不同功能模块及其不同组合，对系统进行剪裁，充分利用软硬件资源，最大限度地满足用户自己的专业应用要求。ERDAS IMAGINE 以 IMAGINE Essentials、IMAGINE Advantage、IMAGINE Professional 的形式为用户提供了低、中、高 3 档产品架构。

3.5.2.2 ENVI

ENVI 是一款专业的遥感和图像处理软件，由 Exelis Visual Information Solutions（现为 Harris Geospatial Solutions）开发。它广泛应用于 GIS、遥感数据分析、地球科学研究等领域，提供了一系列强大的工具和功能，以支持用户从遥感影像中提取信息和进行空间分析。

ENVI 支持各种类型航空和航天传感器的影像，包括全色、多光谱、高光谱、雷达、热红外、地形数据、GPS 数据、激光雷达等。ENVI 可以读取超过 80 种的数据格式，包括 HDF、Geodatabase、GeoTIFF 和 JITC 认证的 NITF 等格式。ENVI 拥有最先进的、易于使用的光谱分析工具，能够很容易地进行科学的影像分析。

3.5.3 无人机数据处理工具

当前，无人机低空遥感在农业等领域得到了越来越多的应用，其数据处理也成为行业关注的重点，目前主流的处理工具有 Pix4D Mapper 和大疆智图等。

3.5.3.1 Pix4D Mapper

Pix4D Mapper 是一款专业的无人机影像处理软件，主要用于将无人机拍摄的航拍影像数据转换为地图、模型和报告。Pix4D Mapper 使用先进的图像处理算法和技术，能够生成高质量的数字地图、三维模型和测量数据。该软件可用于各种领域，如土地测绘、农业、建筑、矿业、环境保护、灾害响应和基础设施规划等应用中。通过 Pix4D Mapper，用户可以更快速、精确地分析和理解无人机采集的影像数据，从而支持更有效的决策制定和项目管理。Pix4D Mapper 能够自动处理无人机航拍影像，拼接生成数字地图或三维模型，并支持对多光谱和红外影像进行处理分析。

3.5.3.2 大疆智图

大疆智图是一款以二维正射影像与三维模型重建为主的 PC 应用软件，同时提供二维多光谱重建、激光雷达点云处理、精细化巡检等功能，通过一站式的解决方案全面提升了无人机航测的内外业效率，面向测绘、电力、应急、建筑、交通、农业等领域提供了一套完整的模型重建解决方案。

3.5.4 数据分析与可视化工具

在数据分析和可视化工具方面，有 Matlab 等大型商用软件，功能丰富，同时也有 R 语言、Python 语言等开源工具，可以通过扩展包实现与商用软件比肩的数据分析和可视化能力。

3.5.4.1 Matlab

Matlab（Matrix Laboratory）是一种高性能的编程语言和环境，广泛应用于数学计算、数据分析、可视化和算法开发领域，其强大的矩阵运算能力和丰富的工具箱受到工程师和科学家们的青睐。

Matlab 能够处理复杂的数值计算，特别是在矩阵和线性代数方面，提供了强大的内置函数和工具。用户可以通过简单的命令对大规模数据进行高效处理，从而加速算法开发和实验。通过使用内置的绘图工具，用户可以轻松创建各种类型的图形，包括折线图、直方图、散点图和三维图形等。

3.5.4.2 R语言

R是一种广泛使用的统计计算和数据分析编程语言，特别适合数据分析和可视化，它拥有丰富的生态系统和众多强大的包，适合处理各种数据分析任务。自1995年首次发布以来，R语言因其强大的统计能力和丰富的生态系统，已经被广泛应用于数据科学、统计分析、机器学习和数据可视化等领域。

R语言主要特点有：内置了大量的统计分析方法，包括线性和非线性建模、时间序列分析、分类、聚类等，用户不仅可以使用现成的统计函数，还可以自定义自己的统计模型；具有极好的数据处理能力，尤其是在处理大型数据集时，配合如Dplyr和Tidyr等数据操作包，用户能够以简洁而直观的方式进行数据清洗和转换；可视化功能突出，Ggplot2包提供了一种基于图形语法的灵活绘图方式，用户可以轻松创建出高质量和复杂的图形，此外，Plotly包则允许生成交互式图形，增强用户体验。

3.5.4.3 Python

Python是一种广泛使用的高级编程语言，因其简洁易读的语法和强大的库生态系统，已成为数据分析和可视化领域的热门选择，在数据科学、机器学习和大数据分析中发挥着重要作用。

Python提供了多个强大的库来处理和分析数据，其中最著名的是Pandas。Pandas允许用户轻松地加载、操作和分析数据集，提供了数据框（Data Frame）这一灵活的数据结构，方便进行数据清洗、筛选和聚合。借助Pandas，用户可以快速处理缺失值、重塑数据结构，并执行复杂的查询和统计分析。此外，NumPy提供了对多维数组的高效操作，是进行数值计算不可或缺的工具，尤其在处理大型数据集时表现出色。

在数据可视化方面，Python同样提供了丰富的工具。Matplotlib是最基础和常用的可视化库，适合创建静态图表，如折线图、柱状图和散点图等。它的灵活性使用户能够根据需要自定义图表的细节。为了提高可视化的交互性，Seaborn在Matplotlib之上增加了更高级的接口和美观的默认样式，使其适合于绘制统计图表，如热图和箱线图等。对于需要更复杂和交互式可视化的场景，Plotly是一个优秀的选择，它允许用户创建动态和交互式的图表，适合于在网页和报告中展示。

3.5.5 物联网（IoT）平台

随着物联网产业的发展，大多数主流云计算厂商都建设了自己的物联网平台，使用户可以简单而快速地实现数据的接入和分析，构建自己的物联网应用系统。

3.5.5.1 ThingSpeak

ThingSpeak是一个开源的IoT分析平台，允许用户收集、存储、分析和可视化来自传感器和设备的数据。它由MathWorks提供，特别适合与Matlab和Simulink结合使用。ThingSpeak的设计目标是简化IoT应用的开发，使用户可以通过该平台轻松实现数据的实时监控和分析。

ThingSpeak支持通过HTTP、MQTT和其他协议从各种设备收集数据，提供了内置的Matlab分析功能，用户可以使用Matlab代码对存储的数据进行深入分析，包括数据统计、滤波、聚类和其他数学运算。

3.5.5.2 AWS IoT

AWS IoT（Amazon Web Services Internet of Things）是亚马逊提供的一套全面的云服务，帮助用户连接、管理和分析物联网设备。AWS IoT提供了一系列工具和服务，使开发者能够轻松构建和部署物联网应用，支持从简单的传感器到复杂的设备网络等各种场景。

AWS IoT主要特性有：支持多种设备连接协议，包括MQTT、HTTP和WebSocket等；提供强大的安全机制，包括设备身份验证、加密和数据保护；可以与其他AWS服务无缝集成，如AWS Lambda、Amazon S3和Amazon DynamoDB，允许用户实时处理和存储设备数据；用户可通过AWS IoT Analytics对收集到的数据进行深入分析。

3.5.6 深度学习工具

目前深度学习有多种框架，比较常用的有TensorFlow、PyTorch等。

3.5.6.1 TensorFlow

TensorFlow是一个开源的深度学习框架，由Google Brain团队于2015年发布。作为一个功能强大的机器学习平台，TensorFlow支持从简单的线性回归到复杂的神经网络等各种机器学习模型。

TensorFlow使用计算图的方式来表示和执行计算，可以利用计算图中的依赖关系进行优化和并行化，从而提高计算性能。此外，TensorFlow还支持GPU加速，可以在GPU上进行高效的并行计算。

TensorFlow支持多种模型构建方式，包括低级API（如TensorFlow Core）和高级API（如Keras），使得用户能够根据需求选择适合的抽象层次。用户可以使用Python、C++、Java等多种编程语言进行开发，同时TensorFlow还提供了图形化界面TensorBoard，帮助用户可视化模型训练过程和结果。

3.5.6.2 PyTorch

PyTorch是一个由Facebook人工智能研究院开发的开源深度学习框架，首次发布于2016年，因其易用性、动态计算图和灵活性在学术界和研究领域受到广泛欢迎。PyTorch支持深度学习模型的构建、训练和部署，适用于各种应用，包括计算机视觉、自然语言处理和强化学习等。

PyTorch采用动态计算图（Dynamic Computation Graph），这意味着计算图在运行时动态构建。这使得模型调试和修改变得更加方便，因为用户可以在运行时改变网络结构。

PyTorch原生支持CUDA，用户可以轻松地将张量和模型从CPU移动到GPU进行加速计算。还提供了丰富的优化器（如SGD、Adam等）和损失函数，方便用户根据需求自定义训练过程。

3.6 数据服务技术

随着大屏幕和手机等智能设备的普及，数据服务方式也发生了巨大变化，从传统的以数

据表格、Web 页面为主，发展到数据大屏、移动应用、小程序、专用智能终端等多种形式。

3.6.1 数据大屏

数据大屏具有更大的显示面积，可以整合来自不同系统和平台的数据，将复杂的数据通过图表、仪表盘和可视化工具呈现出来，提供全局视角的数据概览，帮助管理层做出更全面的决策。

3.6.2 移动应用

随着智能手机的普及，移动应用已经是我们日常生活中接触最多的一类软件。通过移动应用进行数据服务，用户可以不受电脑和固定网络的限制，实现在任何时间和地点都可以访问数据，提高了工作和决策的灵活性。应用可以设置实时警报和通知，及时提醒用户关注重要数据的变化。

移动应用与传统的桌面应用不同，其交互方式是通过触摸、滑动等手势进行，相比于鼠标操作，能够提供更好的数据互动效果。此外大多数智能手机提供了指纹、人脸等生物认证手段，可以提供更好的身份验证等安全措施，保障数据安全。

3.6.3 小程序

小程序与移动应用类似，但运行在更高的抽象层次，如微信小程序，是在微信提供的功能和资源条件下运行。

小程序免除了用户下载安装移动应用的过程，使用户可以更快速地获取到数据服务。同时对数据提供者来说也避免了自研移动应用需要面对的高成本、设备兼容性问题（Android 设备种类太多，处理兼容性复杂）和跨平台问题（Android 和 IOS 的适配）。

3.6.4 专用智能终端

随着农业装备的智能化，各种装备上自带的专用智能终端越来越多，这些智能终端不仅负责实时显示装备本身传感器采集的数据，还需要接收其他系统传送过来的数据。例如，若采用变量作业，需要将其他系统生成的处方图及作业数据下发到作业机械，通常是下发到作业机械自带的智能终端。这本质是一种物物通信的过程，即数据服务可以不直接面向人，而是面向设备。

3.7 价值传递技术

互联网技术的出现，给人类社会带来了巨大变革，打破了信息传递的障碍，推动了“信息重构”，使人类社会进入了信息自由传递的信息互联网时代，但互联网没有解决财富与价值在互联网上的交换与转移问题，我们可以在网络上完成点对点的信息传递，却不能完成点对点的价值传递，所有在网上进行的价值传递实际在后台都是通过第三方（如银行）进行的。

区块链被认为是可以进行“价值重构”的一项技术，其在数字货币领域的应用实现了安全的点对点货币传递，不需要任何第三方介入。区块链技术的这种点对点价值传递能力，不仅可以用于货币支付，而且可以用于资产和数据等的传递。

3.7.1 区块链

区块链技术是一种去中心化的分布式账本技术，结合了分布式存储、点对点传输、共识机制、密码学等技术，具有透明性、安全性和可追溯性等特点，它最初是作为比特币的基础技术被提出，但随着技术的发展，区块链在多个领域的应用逐渐扩展。

通常按照访问权限不同，将区块链分为：公链、联盟链和私有链。公链是任何人都可以参与网络，查看和提交交易，所有的交易和数据对所有用户都是公开的，典型代表如比特币（Bitcoin）、以太坊（Ethereum）等数字货币。联盟链由多个组织共同管理，通常用于特定行业或领域的合作，只有特定的节点可以参与网络和验证交易。私有链是由特定组织或企业控制，只有授权用户可以访问和操作。

区块链的基本存储单元是区块，区块通常由区块头和区块体组成，如图 3-23 所示。区块头通常由前一个区块的哈希（Hash）值、时间戳和其他元数据组成，区块体里存储的是交易数据，常用的做法是把交易哈希组织成默克尔树形式，并将默克尔树根放到区块头中。

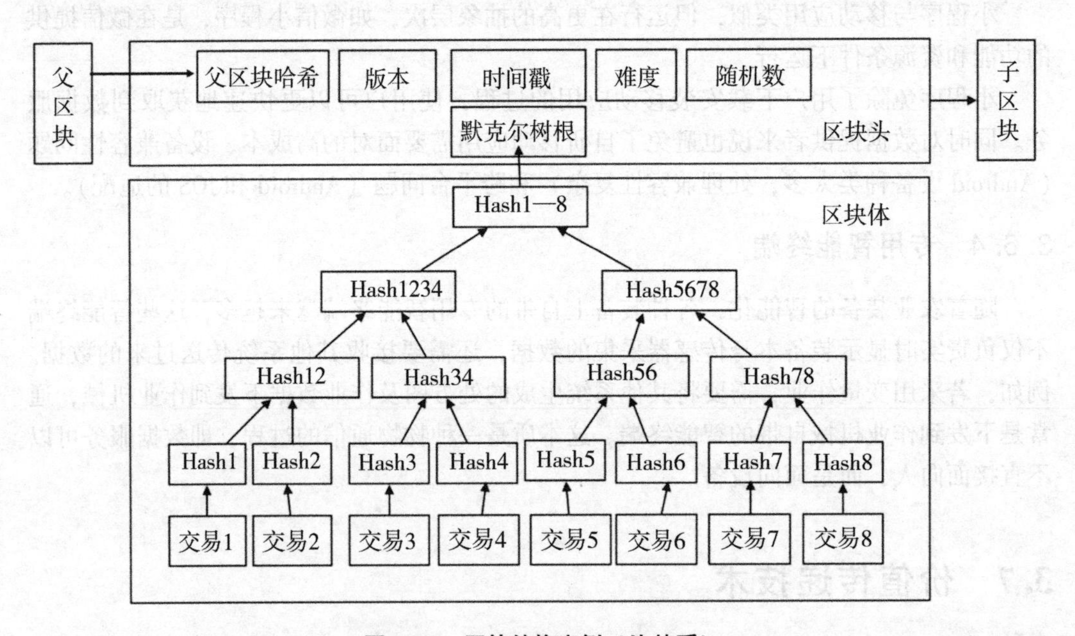

图 3-23 区块结构实例（比特币）

每一个区块的区块头里有前一个区块的哈希值，就组成了链式结构，如图 3-24 所示。这也使得每个新区块的创建依赖于前一个区块，确保了数据的连续性和安全性，最终形成一个不可篡改的记录。

节点是构成区块链网络的参与者，每个节点可以是全节点（存储完整区块链）或者轻节点（仅存储部分信息），节点负责验证交易和维护网络的安全性。

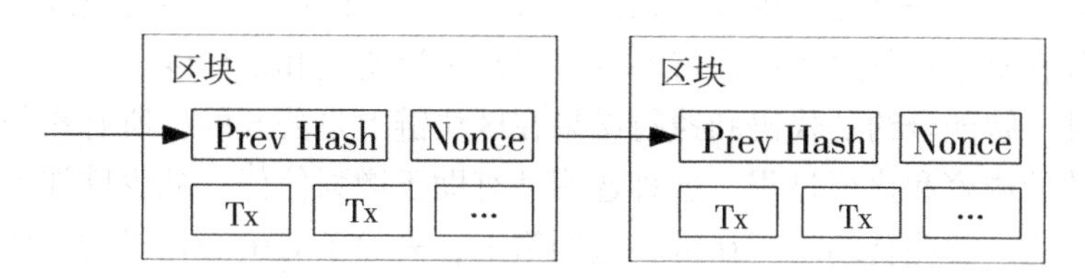

图 3-24 区块链的链式存储结构

节点之间使用共识机制确保所有节点对交易的有效性达成共识。常见的公链共识包括工作量证明（PoW）、权益证明（PoS）、委托权益证明（DPoS）等，常见的联盟链共识协议是实用拜占庭容错（PBFT）及其各种变种。

综上，区块链的整体结构可以表达成如图 3-25。

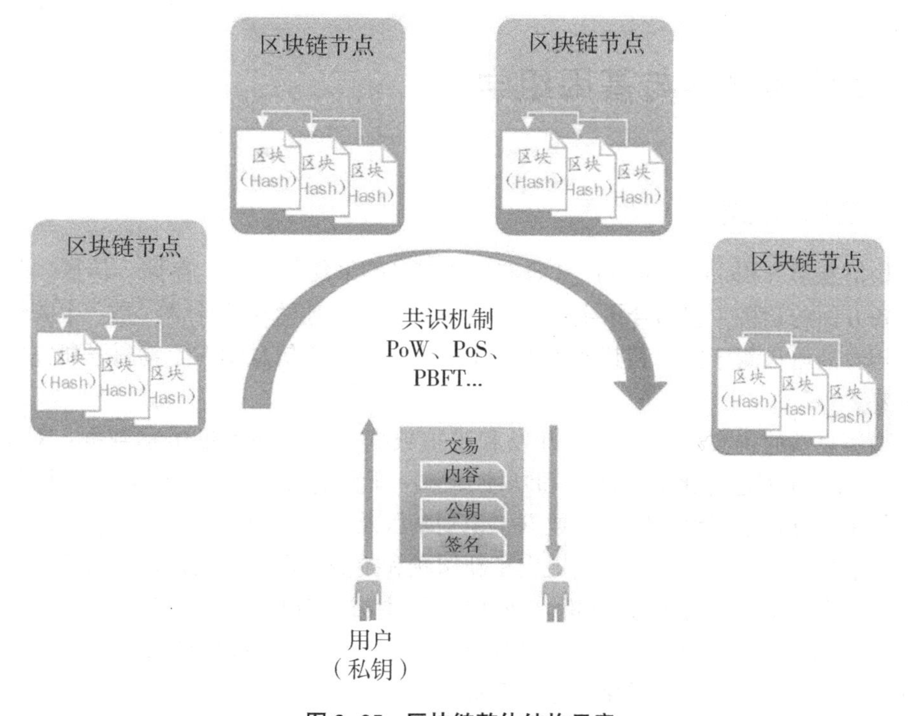

图 3-25 区块链整体结构示意

3.7.2 智能合约

智能合约（Smart Contract）是一种自执行的合约，其条款和条件以代码的形式被写入区块链中。当特定条件被满足时，合约自动执行相关操作，无须中介或第三方的干预。本质上来说，智能合约就是一段程序，它以计算机指令的方式实现了传统合约的自动化处理。

区块链智能合约的特点主要有：

①自动执行。智能合约一旦部署到区块链上，在满足预定条件后会自动执行，无须人工干预，减少了错误和延迟的风险。

②不可篡改性。一旦合约被部署在区块链上，合约的内容就不可更改，确保了合约的条款和条件在整个执行过程中保持不变，提高了透明度和信任度。

③透明性。智能合约的代码和执行结果在区块链上是公开的，所有参与者都可以查看和验证合约的内容和执行过程。这种透明性有助于增强信任，减少欺诈和争议。

④去中心化。智能合约运行在区块链网络上，去除了对中心化机构的依赖，所有参与者都可以直接交互，降低了中介成本和潜在的腐败风险。

⑤安全性。区块链的分布式特性使得攻击者难以篡改或删除合约内容。

⑥高效性。通过自动化执行，智能合约可以加快交易速度，减少处理时间，降低操作成本。

⑦自我验证。合约内部的逻辑可以自我验证其执行条件，这种能力进一步提高了合约的可靠性和准确性。

3.8 生物信息学与基因组学

3.8.1 生物信息学

生物信息学（Bioinformatics）是研究生物信息的采集、处理、存储、传播、分析和解释等各方面的学科，它结合了生物学、计算机科学、数学和统计学，是一个跨学科的领域。随着高通量测序技术和其他生物技术的发展，生物信息学在生物科学研究中变得越发重要。

生物信息学的主要任务包括：开发和维护数据库，存储大量生物数据；对DNA、RNA和蛋白质序列进行比对、注释和功能预测；预测蛋白质的三维结构，分析其功能与相互作用；分析基因组和转录组数据，识别基因及其表达模式等。

生物信息的大规模给数据挖掘提出了新课题和挑战，需要引入机器学习算法优化序列分析等任务。如使用主成分分析（PCA）、核主成分分析（KPCA）、独立成分分析（Independent Component Analysis）、局部线性嵌入（LLE）可将高维向量数据约简至低维空间，使用生成假设和形式化模型来解释现象。

3.8.2 基因组学

基因组学的目的是对一个生物体所有基因进行集体表征和量化，并研究它们之间的相互关系及对生物体的影响。基因组学包括基因组测序和分析，通过使用高通量DNA测序和生物信息学来组装和分析整个基因组的功能和结构。基因组学也研究基因组内的一些现象如上位性（一个基因对另一个基因的影响）、多效性（一个基因影响多个性状）、杂种优势（杂交活力），以及基因组内基因座和等位基因之间的相互作用等。

在农业领域，基因组学和表型组学结合，形成了现代分子育种技术形式，更好地改良品种、提高产量和抗逆能力。

4 数字农业应用场景

4.1 数字化大田生产

4.1.1 土壤监测

在数字农业发展背景下，现代土壤监测手段趋于多样化，从最初的取样后进行实验室分析，发展到可以通过传感器进行原位监测，以及通过遥感技术进行大范围的非接触式监测。

通过采集土壤数据并构建数字化系统，可以帮助用户实现在做好土壤保护的前提下，最大化生产效益，增强农业可持续发展能力，其主要应用场景包括以下几个方面。

（1）土壤调整和修复。土壤质量数据监测可以及时发现土壤中的问题，如营养元素缺乏、土壤酸碱性失衡等，从而采取有针对性的措施进行调整和修复，保证农作物的正常生长。

（2）科学灌溉和施肥。通过获取土壤水分和肥力数据，结合作物不同生育周期水肥需求，可以提供灌溉、施肥决策，提高水肥利用的精准度，达到节水节肥、保护土壤的目标。

（3）盐碱地科学利用。盐碱地土壤生态脆弱，作物产量低。通过监测土壤植被覆盖度、水分、盐分情况，可以分析作物对盐碱地的影响以及水盐变化规律，从而辅助建立提高盐碱地作物产量和控制盐碱度的方法。

4.1.2 作物生长监测

作物生长监测是指利用各种技术手段对作物的生长过程进行实时跟踪和评估，以获取作物生长状况、健康水平和产量潜力等信息。监测内容通常包括土壤湿度、温度、光照、叶面积指数（LAI）、生长阶段等指标，通过数据分析与可视化，为农业管理和决策提供科学依据。

利用遥感技术、地面传感器、图像处理与分析、数据分析及预测模型等监测技术可以实现以下作物监测内容。

（1）作物生长阶段监测。作物生长阶段监测是确保农业管理有效性的关键环节。通过监测作物从播种到成熟的各个生长阶段，包括发芽、分叶、开花和成熟等，可以确保农户及时根据作物的生长阶段做出决策，以优化生产效率。

（2）作物生理参数监测。生理参数是指影响植物生长、发育和健康状况的各种生理指标。通过监测生理参数，如叶面积指数，可以反映作物的光合作用能力，了解作物生长潜力。监测作物的生物量，如根、茎、叶及果实的质量和体积，有助于预测产量和市场价值。

（3）内部营养状态监测。营养状态是指植物体内营养元素的含量及其相对比例，这些元素对植物的生长、发育和产量有着直接影响。通过监测作物的氮、磷、钾等营养元素的含量，确保土壤养分的合理供给。

4.1.3 病虫害监测

病虫害监测是农业管理中的关键环节，旨在通过对作物病虫害的实时监测与评估，全面了解作物的健康状况，及时发现和防治潜在的威胁，采取措施，从而降低损失，提高作物产量和质量，提高农业生产效率和可持续性。

随着农业技术的发展，病虫害监测的方法从目视观察、粘虫板、诱捕器逐步发展到光谱识别等数据分析方法，提高了发现和处理潜在病虫害威胁的能力。其主要监测内容包括以下几方面：

（1）病害监测。由真菌、细菌和病毒等微生物引起的植物病害会影响作物的生长，可能导致产量显著下降，及时监测其发生情况、传播途径和病害程度，并进行恰当干预，可以有效降低损失。同时，也可以避免盲目施药，减少农药的使用量，有助于降低生产成本，减少对环境的影响，保护生态平衡。

（2）虫害监测。通过监测对作物造成损害的昆虫种类、数量和分布情况，有效控制虫害，可以显著提高作物的产量和质量，保障农民的经济收益。

4.1.4 灾害预警

灾害预警是指通过监测、评估和信息传播，及时向相关人员发出可能发生的自然灾害预警，以减少灾害造成的损失和影响。在农业领域，灾害预警可以帮助农户及时采取有效应对措施，保护作物和牲畜，降低损害，从而提高农业生产的稳定性，其主要应用场景包括以下几个方面。

（1）极端气候预警。通过气象监测系统，提前预警极端天气，帮助及时调整相应措施，如调整种植时间、增加灌溉、增加防护等。在特定气候条件下，监测病虫害的潜在暴发风险，提前发出警报，及时采取防治措施。

（2）牲畜热应激预警。监测气温和湿度的变化，通过实时数据分析，及时预警高温天气，能够有效识别牲畜面临的热应激风险，确保牲畜的健康和生产性能。

（3）洪水和干旱预警。通过监测降水量和水位变化，提前发出洪水预警，可以帮助相关部门及时做好排水和防洪准备。通过监测土壤湿度和气象条件，可以及时预测并

发布干旱预警，也可以用于指导合理分配水资源，调整灌溉计划。

（4）农业灾害预警政策制定。通过历史数据和模型分析，评估不同地区的灾害风险，可以为农业政策的制定提供科学依据，优化资源配置。同时通过数据分析，可以更好地制定应急预案，在灾害发生时，协调各部门做好响应措施，增强对农业灾害的应对能力。

4.1.5 变量化精准作业

变量化精准作业是一种先进的农业管理技术，能够根据作物生长状况、病虫害发生情况、土壤特性分布等信息，针对性地调整农业作业的参数，进行精准的施肥、灌溉和喷药等，以实现资源的高效利用和作物产量的最大化。

变量化精准作业是数据驱动决策的典型应用，通过对大量现场数据的科学分析与决策，根据不同区域的需求制定差异化作业方案，借助无人机、自动化作业设备等技术，提升作业的效率和精准性。其主要应用场景包括以下几个方面。

（1）精准施肥。利用土壤养分检测和遥感技术等，分析每个地块的具体养分需求，针对性地调整施肥量，形成作业处方图，指导装备进行变量施肥，可以在确保作物获得所需的营养的同时，显著降低化肥的使用量，减少环境污染。

（2）智能灌溉。利用土壤湿度传感器实时监测土壤的水分状态，结合作物生长阶段制定灌溉方案。当土壤湿度降至设定阈值时，灌溉系统自动启动，按需供水，避免过度灌溉导致的水资源浪费，也减少植物因缺水而受到的胁迫，优化水资源的使用效率。

（3）变量喷洒。利用作物病虫害分析结果可生成喷洒处方图，借助无人机等喷洒装置，根据病虫害严重程度进行变量喷洒作业，提高防治效果并减少农药施用。

4.2 数字化设施生产

4.2.1 温室环境智能管控

温室环境智能管控是利用现代技术手段对温室内部的环境进行实时监测和智能调控，以优化作物生长条件，提高生产效率和作物质量的一种管理方式，提供了数据记录和分析功能，便于农户实时掌握温室生产环境情况，以进行科学决策。

该类系统通过集成传感器、自动化设备和数据分析平台，能够实时收集温度、湿度、光照、二氧化碳浓度等环境参数，并根据设定的理想条件自动调节通风、加热、灌溉和施肥等操作，不仅能够提高生产效率，还能显著改善农产品的质量。其应用场景包括以下几个方面。

（1）蔬菜温度和湿度管控。温度和湿度是温室蔬菜生产中十分关键的环境参数，不恰当的温度和湿度状态会促生病害的发生，降低产量。通过智能管控系统，实时监测温度和湿度，自动调节通风和灌溉，可以促进蔬菜的健康生长和高品质产出。

（2）花卉光照及湿度管理。对于对环境要求较高的花卉，智能管控系统能够提供精准的光照和湿度管理，为不同种类的花卉提供个性化的生长环境，确保不同种类花卉的生长需求得到满足。

(3) 果树生长监测。在温室中进行果树苗的繁育时，温室环境智能管控能够实时监测和调节土壤湿度、温度和光照，监测苗木生长状态，调整环境参数，确保幼苗健康成长，提高苗木的存活率和生长速度。

(4) 植物生长研究实验。农业科研机构可利用智能管控系统进行植物生长实验，实时监测环境条件对作物生长的影响。通过收集和分析数据，探索不同环境因素（如光照强度、湿度变化）对植物生长和产量的影响，为育种和栽培技术的发展提供科学依据。

4.2.2 水肥精准管理

水肥精准管理是一种先进的现代农业管理技术，根据作物的生长需求和土壤的实际状况，科学合理地调整水和肥料的施用，提高资源的利用效率，减少水和肥料的浪费，有效提升作物的生长速度和最终产量。

水肥一体化设备在设施种植领域得到了广泛推广，它结合了数据采集、传感器技术和智能控制系统等技术手段，通过数据驱动，实时监测土壤湿度、养分含量和作物生长状况，根据不同作物和地块的具体需求，实施自动化、差异化的灌溉和施肥计划，实现精细化管理。

4.2.3 牲畜健康监控

牲畜健康监控系统综合运用了传感器技术、数据分析、人工智能和物联网等先进技术，实时监测牲畜的生理状态。通过对牲畜生理指标、行为等进行实时监测和预警，确保动物的健康和福利。其主要应用场景包括以下几个方面。

(1) 牲畜信息获取。在各类牲畜养殖过程中，如奶牛、肉牛、羊等，通过耳标、脚环、项圈等形式实时监测其生理指标和生长状态，收集其生理及行为信息，评估其健康状态和生长情况，以降低疾病风险、提升生产效率。

(2) 宠物健康管理。在宠物养殖和饲养中，健康监控技术能够实时跟踪宠物的生理状态和活动水平。通过监测数据，宠物主人可以更好地管理宠物的饮食和健康，确保宠物的健康。

(3) 绿色生态养殖。在绿色生态养殖模式中，健康监控可结合环境监测，确保牲畜在适宜的条件下生活，提升动物福利，同时降低疾病传播风险，支持养殖可持续发展。

4.2.4 饲养自动化

饲养自动化是现代农业管理中的一项重要技术，通过自动化设备和智能系统，优化饲养过程，减少人工干预，提升喂养效率。其应用场景包括以下几个方面。

(1) 牲畜自动喂养系统。在牲畜养殖领域，饲养自动化得到了广泛的应用。如在奶牛养殖场，自动喂养系统可定时定量地为奶牛提供饲料和营养补充，确保奶牛在不同生长阶段获得均衡饮食。同时，自动化饮水系统能够确保奶牛始终有清洁水源，提升奶牛健康和乳品质量。

（2）家禽养殖自动喂养设备。在家禽养殖中，自动喂养和饮水设备能够确保鸡、鸭等禽类的饮食需求得到满足，提高饲养效率和家禽健康。

4.2.5 智能繁育

智能繁育是现代养殖业的一项创新技术，通过数据驱动和智能化手段，提高动物繁育效率和品质。这种技术结合了基因组学、人工智能、物联网等先进科技，能够实现更精准的繁育管理和决策支持。

智能繁育利用基因组测序选择优质种源，提高后代的遗传品质，并实时跟踪动物的生理状态，判断最佳配种时期，并通过大数据分析预测繁殖成功率，优化配种方案。其主要应用场景包括以下几个方面。

（1）繁育个体选择。利用基因组学和大数据分析，对繁殖个体的遗传特性进行评估，选择优质种畜，提高繁育成功率。通过智能传感器实时监测动物的生理状态，精确掌握其发情周期，优化配种时机，提高受胎率。

（2）繁育过程管理。通过 AI 算法分析动物的生理数据，预测最佳配种时间和配种组合，从而提升繁育效果。利用图像识别技术监测动物的行为和健康状况，及时发现问题并采取相应措施，确保繁育成功。

（3）健康管理与优化。实施全面的健康监测，对怀孕和哺乳期母畜进行定期检测，确保其健康状况，降低流产和疾病风险。根据不同繁育阶段的营养需求，智能化调整饲料配方，提高母畜的繁育能力和仔畜的生长性能。

4.3 数字化果园生产

4.3.1 智能化植保

智能化植保通过传感器、无人机等设备，实时监测作物的生长状态、病害发生情况及土壤和气候条件，利用大数据分析技术，评估病害风险，并制定科学的防治方案，使用无人机或自动化喷洒设备，根据病害发生情况精准施药，减少农药使用量，提高防治效果。果园智能化植保应用具体包括以下几个方面。

（1）果园病虫害监测。在果园中部署各种传感器，实时监测温度、湿度、光照和土壤水分等环境因素，获取影响病虫害发生的相关数据，建立预测模型，提前预警潜在的病虫害风险。利用摄像头和图像识别算法，对果树的生长状态、病虫害症状进行自动识别，快速发现潜在问题。

（2）精准防治。根据病虫害监测和数据分析结果，采用智能施药设备进行精准喷洒，确保农药的有效利用，减少对环境的影响。此外可结合生物防治技术，利用天敌和生物农药进行综合治理，降低化学药剂的使用，提高果品的安全性。

4.3.2 产量预测

产量预测是果园管理中的一个重要技术，有助于有效规划资源、优化管理决策和最大化经济效益。随着无人机和人工智能技术的发展，果园产量预测也发生了很大变化，从传统的统计学方法，逐步发展到能够精准识别和计数的智能化方法。

通过无人机搭载高清摄像头或多光谱相机，可以在开花期和结果期拍摄果园图像，通过计算机视觉技术进行花朵、果实识别和计数，结合历史产量数据和技术结果，通过统计回归或机器学习，可以更精确地预测产量。

4.4 数字化水产养殖

4.4.1 水体监测

水体监测是现代水产养殖管理中的一项关键技术，通过安装传感器，实时采集水温、pH 值等关键水质指标，将监测数据通过物联网技术传输到云平台，实现数据的集中管理，利用大数据和人工智能技术，对水质数据进行分析，提供预警和决策支持，其主要应用场景包括以下几个方面。

（1）水质监测与管理。在水体中安装传感器，实时监测溶解氧、pH 值、温度、氨氮和浊度等水质指标，并进行实时水质检测，确保养殖环境适宜。通过数据分析，及时发现水质异常并发出预警。

（2）养殖环境优化。通过监测水质参数，及时调整水体的物理和化学条件，优化养殖环境，提升水产的生长速度和存活率。

（3）疾病防控。结合水质监测数据，在水质变化或异常时，及时采取防控措施，如投放药物、调整水流或进行水质处理，降低病害发生的风险。

（4）市场销售与品牌提升。通过水质监测确保水产品的安全和品质，提升市场竞争力。同时可向消费者提供水质监测数据，增强品牌信誉和市场信任度。

4.4.2 鱼类行为监测

鱼类行为监测是对鱼类在自然栖息地或养殖环境中的活动、交互和生理反应进行观察和记录的过程。通过获取鱼类的行为信息，可以优化养殖管理，提升鱼类生长速度和健康程度。

鱼类行为监测通常通过摄像头、传感器等智能设备，实时监测鱼类的游动、觅食、社交和繁殖等行为，利用机器学习算法识别鱼类的异常行为，如逃避、聚集或不进食，及时发现潜在问题。其应用场景包括以下几个方面。

（1）鱼类养殖管理。实时监测鱼类的活动和进食行为，及时识别病害风险，采取措施提高存活率。根据鱼类的进食模式调整饲料投放量和时间，优化饲养策略，降低饲料浪费。监测鱼类在水体中的分布，合理安排养殖密度，确保鱼类有足够的活动空间。

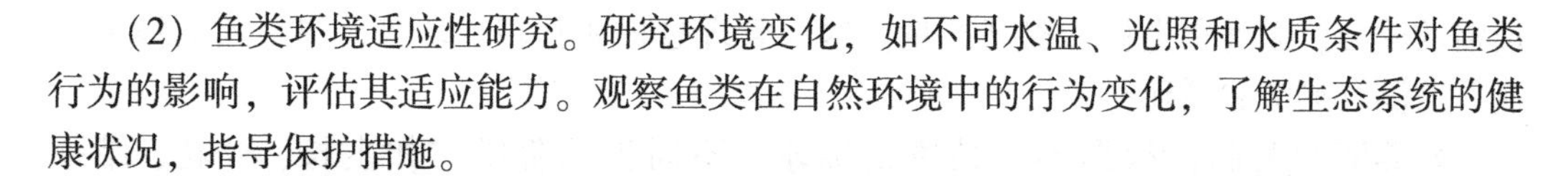

（2）鱼类环境适应性研究。研究环境变化，如不同水温、光照和水质条件对鱼类行为的影响，评估其适应能力。观察鱼类在自然环境中的行为变化，了解生态系统的健康状况，指导保护措施。

4.4.3 智能化投喂

智能化投喂系统通过传感器、摄像头和数据分析技术，实时监测水体环境和鱼类的生长状态，根据监测数据自动调整投喂量和投喂时间，使用智能化投喂设备进行投喂。与人工投喂相比，智能化投喂可以减少饲料浪费，降低养殖成本，并优化养殖环境。

4.5 植物工厂

4.5.1 环境控制

植物工厂环境控制是指在专门设计的封闭或半封闭设施中，利用先进的技术手段对植物生长环境进行全面而精准的调控，通常包含湿度和温度控制、光照控制、二氧化碳浓度控制等。

通过对植物工厂环境的高精度控制，在任何季节都可稳定生产高品质的蔬菜和水果，满足市场需求，保证供应链的连续性。同时也可以提升作物的口感、营养价值和外观质量，增强市场竞争力。

4.5.2 智能化光照技术

根据不同植物对光谱、光强、光周期的不同要求，植物工厂智能化光照技术能为植物定制专属的“光配方”，以优化植物的生长和发育。

植物工厂最大的问题是耗能大，智能化光照技术结合了先进的传感器、智能控制系统、数据分析工具和 LED 照明技术，优化和控制光照时间和强度，最大限度地提高光能利用效率，以降低能耗。通过智能化光照技术可以实现以下几个方面。

（1）作物高效生产。植物工厂通过智能化光照技术，能够在任何季节和天气条件下使作物稳定生长。一方面，根据不同植物种类调整光谱组合，促进光合作用和植物生长；另一方面针对植物特定生长阶段进行光谱组合调节，如在开花期增加蓝光，以促进花芽分化，提高果实的质量。

（2）病虫害防控。通过调节光照条件，能够减少病菌和害虫的滋生，降低化学农药的使用，提高作物的安全性，还可利用特定波长的光来诱导植物产生自我防御机制，提高抵抗力。

4.5.3 营养液管理

营养液管理是在封闭或半封闭的种植环境中，根据不同植物类型和生长阶段，结合土壤和水质特性，调整营养液中的成分比例，通过科学配方和精准调控，确保植物获得所需的养分，以优化生长和提高产量。这一管理过程涉及多个环节，包括营养液的配制、监测、调节和循环利用。

营养液的配制需根据不同植物的需求、不同生长阶段（如生长、开花、结果等）而针对性做出修改，如育苗阶段，可适当增加氮和磷的比例，以促进根系和幼苗的生长。

为了确保植物能够吸收适宜的营养成分，必须定期监测营养液的浓度、pH 值、电导率（EC）等，通过算法模型及时进行调整。

通过建立循环系统，及时回收未被植物吸收的营养液，减少资源浪费，降低运营成本。

4.6 数字化农产品加工

4.6.1 数字化管理系统

数字化管理系统利用现代信息技术和数据分析工具，对农产品加工过程进行全面监控、管理和优化，其核心在于集成各类数据，提升生产效率、保障食品安全。

数字化管理系统主要包括（1）MES 系统（制造执行系统）：实时监控生产过程，协调生产计划，跟踪产品流动，提高生产透明度。（2）ERP 系统（企业资源计划）：整合企业内部资源，优化供应链管理，实现生产、库存、销售的数字化管理。通过数字化管理系统可以实现：

（1）生产调度与优化。根据实时数据和生产需求，自动调整生产计划，优化资源配置，提高生产效率。监控加工过程中的关键参数，并做出及时调整，以避免生产事故和降低废品率。

（2）产品质量管理。使用数字化工具对产品质量进行检测和评估，及时发现并解决质量问题，降低损失。

（3）食品安全与合规性。建立食品安全监控体系，实时监测加工环节的卫生和安全指标，通过系统记录和报告提高合规性。

4.6.2 智能化生产系统

智能化生产系统是利用现代信息技术和自动化设备，提升生产效率、质量和灵活性的一种综合管理系统。其核心在于集成物联网、大数据、人工智能等技术，实现生产过程的智能化、自动化和可视化。其主要应用场景主要包括以下几个方面：

（1）原材料处理。利用智能化系统对原材料进行自动清洗和分拣，确保原料的卫生和质量，提升处理效率。通过传感器和分析设备，实时检测原材料的营养成分和质量，以便于后续加工。

（2）自动化生产线。根据实时数据和生产需求，自动优化生产调度，提高生产效率，降低能耗。在生产过程中安装传感器，实时监测温度、湿度、压力等关键参数，实

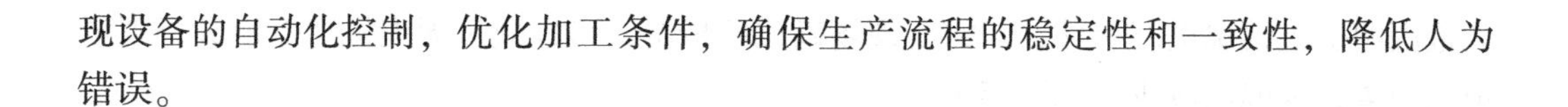
现设备的自动化控制，优化加工条件，确保生产流程的稳定性和一致性，降低人为错误。

4.7 农产品供应链与追溯系统

农产品供应链与追溯系统通过信息化手段实现从生产到消费全过程的监控和管理，确保农产品质量安全并增强透明度。供应链主要由生产、加工、物流和销售等环节构成，而追溯系统则利用物联网、区块链和大数据分析等技术，负责在这些环节中进行信息记录与数据共享，提升整体信息透明度和可监管性。通过农产品供应链与追溯系统可以实现：

（1）食品安全与质量控制。在农产品生产和加工过程中，通过追溯系统实时监测食品安全指标，如温度、湿度和卫生条件，确保产品符合安全标准。通过追溯系统记录和分析产品的质量数据，及时发现和处理质量问题，降低损失。

（2）消费透明度。通过扫描产品上的追溯二维码，了解产品的来源、生产过程和质量检测结果，增强消费信任。

（3）法规合规与品牌保护。帮助企业遵守相关食品安全法规和标准，通过记录和报告系统确保合规性，同时建立追溯系统有助于提升品牌形象，增加消费者对品牌的信任度，保护品牌声誉。

4.8 农业金融与保险

农业金融与保险是支持农业发展和降低生产风险的关键手段，旨在为农民和农业企业提供必要的资金支持和风险保障。农业金融包括多个组成部分，如农业贷款、农业投资、政府补贴与支持，以及农业理财产品等。这些金融工具旨在满足农业生产中的资金需求，促进资源的有效配置。在农业保险方面，主要涵盖作物保险、家畜保险、农业收入保险和农业气象保险等类别。这些保险产品为农民提供生产保障。数字化技术在农业金融和保险领域有多种应用场景，包括：

（1）信用画像。农业担保行业需要根据农户或组织的信用情况提供担保服务，如何对客户信用进行客观量化是一个关键问题。通过汇集银行、政府相关数据，可以通过大数据分析为每个客户生成全面的信用画像，作为放款依据，降低风险。

（2）标的物确认。在担保和保险领域都面临一个相同的问题，如何确定担保或投保的标的物，并进行持续跟踪，以减少恶意骗保等行为的发生。对于标的物是动物的情况，可以采用耳标等可穿戴式传感器进行标记，采用网络监控等设备进行生产跟踪。对大田作物等标的物，可采用传感器或无人机等形式进行确认和跟踪。

（3）受灾情况核验。在发生需要理赔的灾情时，需要对损失情况进行评估，对于大田作物相关保险，若采用人工评估，成本高且耗时久。通过卫星遥感可以更高效地对大范围的受灾情况进行评估，对需要现场确认的情况，可以通过无人机高效地进行现场情况采集，大幅度减少人工工作量。

4.9 农业电子商务与智能市场

农业电子商务可以帮助实现生产者和消费者的直接沟通，减少中间环节，提高农产品销售效率，增加农民收入。智能化市场通过对市场内各种数据的收集，能够对农产品销售情况进行准确的评估，及时了解供求情况，实现更合理的定价。同时通过智能化台秤等装备提高销售效率，方便店铺和消费者。农业电子商务与智能市场典型应用场景包括：

(1) 农产品直播带货。直播带货作为一种新兴的销售模式，近年来在电子商务领域迅速崛起，尤其受到年轻消费群体的青睐。直播带货允许主播与观众进行实时互动，观众可以即时提问、评论或表达对产品的看法，这种互动性能够增强观众的参与感，提高购买转化率。产品可以被直观地展示，观众可以看到产品的实际使用效果、细节和特点，这种真实的展示方式比传统的图片或文字描述更具说服力。与传统广告相比，直播带货可以通过较低的成本实现更高的曝光率，即“流量经济”。

(2) 智能菜市场。通过在电子台秤引入物联网、人工智能等技术，可以实现智能化的菜市场运行。智能台秤可以通过影像自动识别蔬菜类型进行计价，减少了人工输入工作量，提高了交易效率。经过台秤的蔬菜类型、购买量和价格数据通过物联网实时传输到云端，市场管理人员可以通过数据监控整个市场的运行情况，及时进行补货，平抑物价。

4.10 农文旅融合新业态

农文旅融合新业态是指将农业、文化和旅游三者有机结合，通过多元化的经营模式和创新的产品体验，形成新的经济模式和发展形态。数字技术与农业结合催生了许多农业新业态，如认养农业、共享农业等。

(1) 认养农业。认养农业是一种新兴的农业经营模式，消费者可以认养特定的农作物或动物，通过参与生产过程，享受个性化的农业体验。随着互联网和移动应用的发展，越来越多的农场开始通过在线平台进行认养活动。通过集成物联网设备，消费者可以在平台上实时查看认养物的状态，深入参与到管理过程。

(2) 共享农场。共享农场是农业共享经济时代的代表，起源于欧美国家，在我国得到了丰富和升华。共享农场以移动互联网和物联网等信息技术为支撑，通过循环农业、创意农业、农事体验等形式，吸引消费者参与农产品种植与收获活动，减少买卖双方信息不对称，增强消费者体验感、参与感和信任感。

5 数字农业案例分析

5.1 大田生产案例

5.1.1 爱科农智慧种植决策系统

（1）案例描述。北京爱科农科技有限公司通过独立自主研发的植物—土壤—大气连续体模型及大数据驱动型智能农业技术系统（ICAN 大数据平台），结合卫星与无人机遥感监测、人工智能预测、移动互联网等现代化技术，构建爱科农智慧种植决策系统，促进农作物产量潜力有效发挥。

爱科农智慧种植决策系统服务内容包括地块基础地力评估、田间环境大数据分析、农作物分布与长势分析、关键农事指导、科学水肥管理、病虫害预测与精准防治、农作物产量与发育阶段精准预测、遥感长势监测、灾害预警与受灾分析（旱、涝、倒伏、高温、早霜）等。

同时，在农业社会化服务方面，应用数字农业技术，为种植企业提供定制化的不同等级的农业社会化服务方案套餐，推进土地流转，建设数字农业建设示范区，打造数字农业样板。

（2）案例成效。截至目前，爱科农智慧农业服务范围已覆盖新疆、黑龙江、内蒙古、河南、山东、河北、宁夏、甘肃等 10 余个省（区、市），服务土地面积超 3 500 万亩，服务农户 3 万余家，合作经销商超 600 余家，政企客户 100 余家，直营示范农场超 10 万亩。降低肥药施用量 10%～20%，亩均增产 10%～20%，预估到可能的病虫害和出苗情况并提前处理，亩均收益提升 200 元以上。

5.1.2 古林无人农场

（1）案例描述。古林无人农场是托普云农与海曙区农业农村局、古林镇农办等单位合作打造的高标准农田无人农场样板工程项目，建设总面积 10 900 亩，充分利用当地土地规模化流转的优势，建立完整的优质高效水稻精准化种植技术体系，以“农机可视化、种植信息化、灌溉智能化”三化为核心，将虫情监测预警与绿色防控、墒情监测预警与灌溉、新型物联网、无人机遥感、无人驾驶等技术结合，探索现代农业新型生产方式，进行数字农业无人农场模式技术集成与示范。案例主要建设内容包括：

①流水线式育秧工厂。古林无人农场采用流水线式育苗催芽，通过机械化流水线设施实现自动填土、播种、药剂消毒等一系列操作，并在恒温恒湿培养室内催生嫩苗。

②无人驾驶作业。依托园区5G网络与北斗定位系统，园区内的农机搭载了自动化控制系统，管理员通过手机App即可操控农机进行无人驾驶作业。目前，通过系统调试连接，园区内已能够在无人驾驶的情况下，实现耕地、播种、收割的无人化作业，大量减少了人力成本与作业用时，提高了作业效率和经济效益。

③智能田间管理。大田区域铺设了墒情监测系统及水泵等抽水设施，通过物联网和信息化平台，可自动实现对缺水地块的智能灌溉。搭建病虫害预警监测点，对园区的害虫进行灯光诱捕和自动识别，形成长效的虫情趋势分析图，指导园区及时采取对应防控措施。同时在田地周边科学布设太阳能风吸式杀虫灯，利用物理防治方式实现对虫害的无毒无害灭杀。一旦发生重大病虫害，可启用无人机进行大规模农药喷洒，单台无人机每天作业量达到300~400亩，通过科学精准施药，有效防治虫害，保障稳粮稳产。

（2）案例成效。目前，古林无人农场已经能够实现育苗—耕—种—田间管理—收获—烘干的全流程自动化生产，成为浙江乃至整个华东地区重要的水稻大田种植数字技术推广示范基地。

5.2 设施生产案例

5.2.1 淄博5G“农舍云”平台智慧大棚项目

（1）案例描述。淄博市张店区农业农村局以智慧农业为目标，建设了“农舍云”大数据平台。该平台基于大数据、物联网、AI、5G等前沿技术，实现了对设施农业生产现场的精准监控。通过训练种植模型，达到科学种植、优化人力、提高效益的目的。同时，平台还开发了产销结合、金融服务、产品溯源等功能。案例主要建设内容包括：

①构建数据平台。研发了“农舍云”大数据平台，主要包含6大模块：一是设施农业种植和标准化畜禽养殖全过程智慧化管理应用；二是平台共享服务，对接科研院校、农资经销商和农机生产销售厂家；三是直播带货服务；四是农业产业链金融服务；五是开发设施农业区块链；六是设施农业大数据共享，提供生产预警。独立开发出具有自主知识产权的农业园区“5G+物联网”组网、农业设施标准化模块及农业机器人。

②打造数字硬件模型。与智能硬件公司建立战略合作，开放数字端口协议，形成集数据平台和硬件设施于一体的数字农业生态合作体系。贯通数据采集、5G传输、数据建模、智能反馈各流程，实现基于种植模型和智能硬件的农事精准操作。

③打造农业全产业链。以张店为核心，结合淄博本地农业产业发展现状，充分赋能农业产业链各个环节，对农业生产资料供应、农产品生产、加工、储运和销售、消费等

环节进行深度数字化改造，对产品链、价值链、创新链、资金链、信息链、组织链等进行延伸，利用产业链金融、农产品视频直播、自建农产品平台商城、第三方销售平台等，降低生产成本，提高农业生产、加工、流通等全链条的收益。

（2）案例成效。通过“农舍云”5G+大数据分析应用助推农作物的品质、产量和效益，实现动植物生长情况的全面监管，为种植户提供购、种、收一体化全方位物联网服务模式，实现整个种植及售后过程的数字化管理，提高农作物的品质、产量和效益。打造了基于“5G+区块链+物联网”的农产品防伪溯源系统，通过区块链去中心化技术和共享、自我复制、许可控制的账本机制，确保农产品溯源信息的真实性和不可篡改，为优质农产品提供可信性证明，提升农产品品牌价值。项目全部完成后，达到了农业生产的无人化、精准化、可视化管理和智能化操作，形成了可复制易推广的生态无人农场新模式。

5.2.2 凯盛浩丰智能化设施番茄种植

（1）案例描述。凯盛浩丰农业有限公司通过引进并吸收荷兰设施种植技术，建立了智能化设施番茄种植全套解决方案，案例主要建设内容包括：

①种植环境智能化控制。每个温室内部布局有上千个传感器、控制器，通过“农业大脑”的数据采集及分析，对番茄生长过程中的温、光、水、气、肥进行智能化调控，确保了番茄可以在标准化程度高的环境实现最佳生长。

②精准灌溉技术。根据每一株番茄的生长档案进行精准灌溉，确保每株植物都能得到最适合其生长的水分。这不仅提高了水资源的利用率，还能保证番茄的品质和产量。

③标准化种植。从种源的选择到最终产品的分级，每一个环节都建立了明确的标准和要求。例如，带有疤痕、畸形或颜色不均匀的番茄会被淘汰；没有果蒂或果蒂不足 3 片的番茄判定为不合格产品。

（2）案例成效。形成了 365d 全周年稳定的供应体系，为消费者提供了高科技、高标准、高品质的番茄系列产品。

5.3 果园案例

5.3.1 5G 赋能赣南脐橙产业高质量发展

（1）案例描述。通过 5G 赋能脐橙产业，江西将智慧农业、智慧运营融入脐橙产业全生命周期，实现了产业的提效升级，案例主要建设内容包括：

①5G+传感器，实现果园生产可视化。利用 5G+传感器技术建立果园生产全过程监控系统，实现了三维一体的全方位可视化，包括地面（固定摄像头、全景摄像头等）、空中（无人机摄像头俯瞰）、环境监测、生长检测等，真正实现果园生产过程的可视化，为生产过程的智能化提供了基础条件。

②5G+AI，实现园生产过程的智能化控制。利用 5G+AI 技术，实现果园生产现场的

低延时控制，包括风机、外遮阳、内遮阳、喷滴灌、侧窗、水帘、阀门、加温灯或水肥一体化设备等。通过果园生产 AI 智能分析及决策系统提供快速准确的决策方案，实现果园生产过程决策的智能化，提高果园生产各阶段的智能化控制水平。

③5G+大数据，实现果园生产过程的数字化分析。通过 5G 技术，实现各种传感器及摄像头采集数据的高速上传，实现各种数据分类储存与备份，通过大数据分析平台，提供精准快速的数字化分析。

④5G+区块链，实现果园产品可信追溯。开发果园产品溯源系统，实现果园产品质量安全及生产过程数据均可追溯，通过视频监控向消费者提供生产全过程的可视化。

⑤5G+无人机，实现果园的快速数据获取。基于无人机拍摄的高清视频对脐橙的种植规模（面积、株数）进行数据普查，极大地提升了农户和政府的工作效率。

（2）案例成效。使脐橙种植水电成本下降 30%，果园单产提高 10%，亩均增产约 15%，亩均增效可达 1 500 元，且减少了对周边环境的污染，综合经济效益提高 20%，并通过区块链技术，实现赣南脐橙品牌溯源，提升赣南脐橙品牌感召力。

5.3.2 华盛数字果园

（1）案例描述。沂源华盛科沃云数字果园围绕传统丘陵山地果园“标准化、机械化、信息化、智能化”改造，构建起全领域的数字化空间规划建设管控体系，推动丘陵山地果园种植机械化和信息化融合，以生产大数据服务果园精准管理，实现机器换人、节本增收。案例主要建设内容包括：

①果情监测智能化。果园安装温度、湿度、气象、果径、土壤肥力、土壤盐分、电导率等传感器，实时监测果园的环境参数、果实的大小等数据。安装高清摄像头监控工人的工作情况、果园的生长状况、果实成熟度、病虫害情况等。通过土壤墒情传感器、土壤肥力监测仪等，快速掌握土壤的健康状况，为精准施肥和灌溉提供依据。利用无人机进行果园的巡检和测绘，快速获取大面积果园的信息，提高工作效率和管理质量。

②生产决策数字化。运用数据分析工具和方法，对果园管理数据进行深入分析，挖掘其中的规律和潜在信息，形成农情环境、果品质量、检验检疫、原产地追溯等多层次、多维度的数据体系。根据数据分析结果，制定更加精准的管理策略。如针对病虫害发生的趋势、果树生长的最佳条件等数据，进行精准施肥、精准灌溉、病虫害预测与防治等。

③施肥灌溉精准化。园区智能灌溉系统可以根据传感器采集的数据，利用可视化展示，实时掌握土壤墒情情况，自动控制灌溉设备的开关，实现精准灌溉，最大程度减少资源浪费和环境污染。

④病虫害防治生态化。将臭氧杀毒杀菌、氮气杀灭病虫害技术引入数字果园生产管理当中，首次在果业生产中采用臭氧水喷淋杀菌，并采用无人机替代传统人工喷洒用药方式，配合太阳能捕虫仪等设备，降低了生产成本和环境污染。

⑤园区管理集约化。打造园区数字化管理系统，科学调配人力资源，实现专家网上会诊，以获得更权威的实施方案。大数据平台可根据果园实时情况，及时发布预警信息，减少灾害发生。

（2）案例成效。显著提高了劳动生产率，以前 1 个人最多管 5 亩果园，现在 1 个人可以管 20 多亩。目前园区 300 多亩果园只有 1 个平台管理员和 13 个工人管理。实现节水 20%以上，节肥 50%以上，节药 30%以上，果品质量提高 20%～30%，产量增加 10%～20%，评估亩产达到 2 500 kg 左右。

5.4 水产生产案例

5.4.1 “耕海 1 号”海洋牧场综合体

（1）案例描述。“耕海 1 号”由山东海洋集团投资建造，是全国首制智能化海洋牧场综合体，坐落于烟台市区四十里湾海域，形成了 4 个场景：

①智慧化渔业养殖场景。搭建海洋环境监测系统，对周边海域水文、气象、海况、生物等数据开展持续性观测和记录。将无人机、无人船舶、水下机器人、自动洗网机应用于渔业养殖过程，提高精细化管理水平，减少危险环境人工作业。开发了智能化养殖管理系统，全过程管控鱼类生长情况，配备自动化饵料投喂设备，精准控制饵料使用数量。

②数字化文化旅游场景。通过 VR、AR、3D 球幕等数字技术打破虚拟与现实的壁垒，构建了沉浸式海洋文化体验空间。设计开发了渔业文化动态长卷、互动式触摸鱼缸、沉浸式深海电梯、“蛟龙号”模拟器、深海球幕影院等游乐项目，让游客置身于虚拟与现实的超大沉浸式空间。

③精细化信息管控场景。应用分布式能源管控系统，利用 5G 网络低延时优势，实现了太阳能、风能等发电设备与国家电网无延迟动态切换，最大限度发挥清洁能源发电效率。应用智能平台综合管控系统，对电力系统、照明系统、管路系统、空调系统、消防系统、电梯系统等进行集中管控。应用智能化客房控制系统，通过人脸识别和声控操作，实现房间设备智能操控，为游客营造温馨舒适的科技体验。

④立体化安全管理场景。建立数字化安全管理系统，核心部位安装姿态和应力监测系统，实时对平台位移和变形进行监控预警。通过雷达、摄像头、无人机实时监控周围环境，确保附近海区环境安全。登船人员佩戴数字手环，实时统计平台人员数量和位置，及时发现突发事件、并实施救援。

（2）案例成效。“耕海 1 号”是一座深水座底式网箱，单体养殖体积约 10 000 m^3，可以养殖黑鱼、真鲷、斑石鲷，预计年产鱼类 7.5 万 kg。平台还设计有 180 个休闲垂钓位，并配备 600 多平方米的多功能厅，采取一二三产业深度融合的运营模式，在国内首次将渔业养殖、智慧渔业、休闲渔业、科技研发、科普教育等功能集成于一体，年可接待游客 5 万人次以上。

5.4.2 “国信 1 号”养殖工船

（1）案例描述。国信 1 号”养殖工船是由青岛国信集团联合中国水产科学研究院、中国船舶集团有限公司等单位研发建造的全球唯一一艘建成并运营的10万t级智慧渔业养殖工船，投资4.5亿元，于2022年5月20日下水投运。"国信1号"大型养殖工船颠覆了传统渔业养殖模式，以我国自主研发的船舶适渔性设计为基础，集合养殖水体交换、智能投饲、水质调控、减振降噪和智能集控等系统，将水产养殖由陆地、近岸拓展到深远海，构建养殖环境因子可控的高效绿色、低碳环保的工业化养殖模式，其核心技术包括：

①船载舱养技术。"国信1号"跟随水温变化调节锚地，在船载舱养模式下，养殖工船可以根据鱼类养殖特性在选定的锚地之间依据水温和环境变化自航转场，选择水温、洋流、气候等最合适的海域养殖，让大黄鱼始终处于适宜生长的温度环境，生长速度大大提升。"国信1号"还研发配备了高效节能舱养增氧设备、智能光控系统、气提死鱼与污物自动化清除设备等关键设备。

②减振降噪技术。大黄鱼是应激反应相对强烈的养殖鱼种，对养殖环境的静音要求较高，但是深海海水的背景噪声本身就超过100dB，给工船的降噪带来了极大困难。"国信1号"进行了多项降噪技术改进，经过海试测试，目前"国信1号"航行工况和养殖工况下养殖舱内水下噪声最大为136dB和140dB，这样的测试结果超越了静音级科考船水平。

③水体交换技术。为模拟海洋洋流，形成适合鱼类游动的旋转流场，海水通过排水管道溢流至舷侧完成水体交换，形成旋转流场，"国信1号"养殖舱内水体流速始终保持在0.2~0.4m/s，为鱼类创建一个模拟自然环境的场域，通过这种方式保证养殖鱼的活力。

④关键养殖技术。明确了工船养殖大黄鱼的最佳生长环境关键参数指标，优化了饲料营养、投喂策略、病害防控、养殖密度、生长特性等关键养殖工艺参数。

⑤智能集控技术。构建了船端智能化管控中心和基于岸基的船岸一体化智慧云平台，全船监测点对舱内水、氧、光、饲、鱼进行集中控制与实时监测，养殖生产数据可通过船岸一体化系统实时传输到岸基，确保船岸一体联动、岸基远程监控的实现，实现智慧养殖。在工船的养殖监控室内，工作人员可以通过屏幕监控全船的氧气系统、投饲系统、养殖海水、养殖光照等各类系统运作状况，实时监测养殖舱内水体的温度、盐度、溶解氧和酸碱度。

（2）案例成效。"国信一号"的成功建造和运营，对于我国海洋渔业的发展具有重要意义。它不仅为我国提供了丰富的优质水产品，保障了国家的粮食安全，还推动了海洋渔业的转型升级。通过发展深远海养殖，我国可以充分利用海洋资源，拓展渔业发展空间，提高渔业综合生产能力。同时，这也有助于保护近岸海域生态环境，实现海洋渔业的可持续发展。

5.5 植物工厂案例

中国农业科学院成都无人化垂直植物工厂

（1）案例描述。2023年，由中国农业科学院都市农业研究所自主研发的首座20层无人化垂直植物工厂在四川成都投入使用。这套系统可以在城市进行食物生产，也可在戈壁沙漠、荒地使用，在解决未来都市等地食物就近稳定供应、拓展耕地空间等方面优势明显。

该系统通过采用自主培育的作物新品种、垂直立体栽培系统、营养液自动供给系统、人工模拟节能光源及基于 AI 的智慧管控系统，实现了在垂直空间内的食物周年稳定生产，不受气候和地域影响。

（2）案例成效。生菜生产周期可由 70d 缩短到 35d，水稻生育期可由 120d 缩短至 63d，200m^2年产蔬菜可以达到 50t 左右。

5.6 供应链案例

5.6.1 阿里巴巴数字农业解决方案

（1）案例描述。阿里巴巴集团数字农业是阿里巴巴集团为农业产供销全链路的数字化升级而成立的，目标是在全国打造数字农业基地，通过阿里云 AIoT 赋能农业生产、农企组织和品牌营销，面向农业场景提供“农—地—品”数据化创新。采用基地、产地仓、销售仓、淘菜菜（淘宝买菜）等途径，推动农业产业数字化升级，形成直供直销的助农模式。

（2）案例成效。淘宝买菜已在全国直连近万个农产品直采基地，建立了 700 多个数字农业基地，构建了直采直销网络。目前已在全国 200 多个城市为用户提供“1 小时到家”和“次日自提”两种不同形态的生鲜购买服务。

5.6.2 京东农场

（1）案例描述。京东农场以“生态农业，健康餐桌”为目标，与合作伙伴在全国范围内共同建立京东农场，按照京东农场的管理标准进行科学种植、规范生产、高效运输，共同打造精准化、智能化、品牌化的现代农业基地。提供从大数据平台到种植管理服务、农场管理提升服务、采后处理服务、品牌赋能服务、营销规划服务、产品销售一站式服务的产供销供应链服务模式。

（2）案例成效。截至 2023 年，京东农场已落地项目近 70 个，数字基地建设面积近 40 万亩，带动 10 余个省（市）的 13 类农业产业发展，覆盖大米、小米、芥花油、苹果、柑橘、枸杞等 13 类产品。

5.7 追溯系统案例

5.7.1 潍坊区块链韭菜解决方案

（1）案例描述。潍坊市玉泉洼种植专业合作社联合社“区块链+韭菜”平台，提供了韭菜的种植、采收、运输、包装、物流等全流程区块链接入方案，实现了对玉泉洼韭菜产品的区块链跟踪管理。

“区块链+韭菜”平台总体架构为“1+3”模式，即一个区块链溯源平台，加上政府监管执法端、企业上报端、公众查询端3个模块。

政府监管端的目标用户是农业农村局和市场监管局，用户可在监管平台上使用追溯查询、数据管理、核查统计等功能。

企业上报端的目标用户是重点农产品种植企业、重点农产品经营企业、农产品批发市场、农贸市场、大中型商超、餐饮单位、生鲜电商等，企业用户可在服务平台上使用产品管理、产品数据存证、产品数据查验等功能。

公众查询端的目标用户是消费者，主要作为消费者查验商品信息的一个入口。

区块链平台具体功能包括：联盟链管理、节点管理、证书和账户管理、用户管理、区块链浏览器、状态监控、跨链技术、智能合约。

种植管理系统（Web端+App）主要功能模块包括：数据监测、种植规划、农事管理、农资管理、物联网设备管理、标准化种植管理、作物模型库等。

溯源管理系统主要功能模块包括：商品管理、标识管理、溯源批次管理、溯源小程序、统计管理等，同时支持管理控制台和Restful API等对外服务形式。

监管平台主要模块包括：追溯台账、追溯倒查，以及流向分析、分布分析、预警分析等可视化分析。

（2）案例成效。该平台成为韭菜产品质量安全智慧管控的新抓手，促进韭菜产业绿色高质量发展。让韭菜生产者种得更规范、卖上好价钱，让消费者买得更放心、吃得更安心。

5.7.2 黑山县农产品质量安全溯源综合管理系统

（1）案例描述。黑山县农产品质量安全溯源综合管理系统于2022年4月顺利上线运行，建设内容涵盖农产品溯源、雪亮大棚两个核心业务方向，可溯源的农产品种类多达20余种。

平台通过生产过程的信息记录对农产品进行赋码，可为每一份农产品制作独一无二的溯源档案，结合条码等技术的应用，向企业和用户提供实现农产品追溯业务的全面技术支撑和基础服务。主要功能包括：

①农产品生产主体管理。生产主体通过平台完善个人基本信息以及生产相关信息；填报种植品种时，只可选择自己种植的农产品进行打印赋码，根据实际生产情况对种植品种进行填报，由农业监管部门审核。

②赋码管理。生产主体填写信息，包括种植品种、规格、数量（重量）、生产日期等信息；可以通过PC端生成或打印溯源码，也可以登录小程序通过无线技术连接打印机进行生产赋码操作。

③生产主体可以查看自己的历史赋码信息，便于查找与统计；农业监管部门可以查看全平台的历史赋码信息，便于侧面了解各乡镇农产品生产信息、产量情况。

④追溯查询。消费者通过扫码获得商品信息，溯源信息包括产品名称、溯源码序列

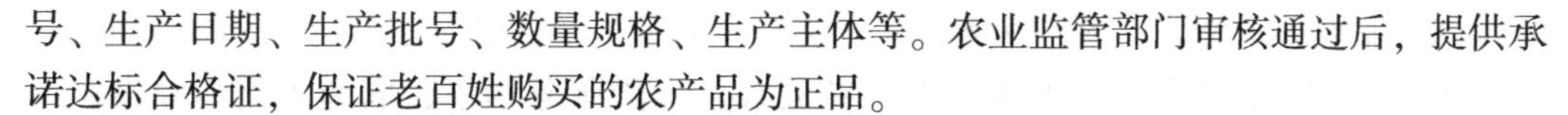

号、生产日期、生产批号、数量规格、生产主体等。农业监管部门审核通过后，提供承诺达标合格证，保证老百姓购买的农产品为正品。

⑤雪亮大棚。生产主体可以查看所属大棚内外实时监控画面，农业监管部门可以查看全平台的摄像头实时监控画面。

(2) 案例成效。通过农产品质量安全溯源综合管理系统建设，为生产者提供了产销溯源支撑服务，增加生产企业的知名度，让百姓购买农产品更放心，也使得市场稽查有抓手。在产品出现问题的时候，能够做到“来源可追溯、流向可查询、风险可防范、责任可追究、产品可召回”。

5.8 金融案例

5.8.1 山东省农业发展信贷担保有限责任公司

(1) 案例描述。山东省农业发展信贷担保有限责任公司（简称山东农担）为进行数字化战略转型，成立鲁担数科、鲁担产融两家权属公司，专设数字化转型工作机构，牵头研究数字化发展规划和实施，各内设部门明确数字化转型联络员，建立协同工作机制，疏通数字化转型痛点难点。同浪潮集团有限公司、华为云计算技术有限公司等信息化领军企业进行战略合作，目前，山东农担已建成涵盖24个子系统、1 400多个功能模块、拥有31项软件著作权的担保业务一体化管理系统，实现了“合规预审—项目提报—初审初核—审查审批—自动出函—保后检查—贴息退费—代偿追偿”全流程“一网通办”。

在数据汇聚方面，山东农担已汇集28亿条涉农数据，覆盖了2 500多万经营主体，梳理出87.5万条客户白名单。

在数据治理方面，山东农担精准定义全链条业务节点含义，形成100余项数据标准。参与全国农担体系数据标准建设，归纳编码、代码等10类数据类型，输出数据治理经验。成功入选数据管理能力成熟度（DCMM）数据贯标试点，积极推进3级（稳健级）认证。建设并持续优化数据仓库，引进星环一体化大数据平台，基于湖仓一体架构提升数据存储、分析性能，增强20余张千万级核心数据表单的管理和应用能力。

在数据共享方面，高标准建设山东新型农业经营主体融资数据服务平台，构建46个数据模型，开放16个标准数据接口，为银行金融机构提供场景金融服务。打造山东农担数据中台，将多方数据进行整合，对客户进行360度精准画像，分产业、分地区、分主体形成各类标签，生成大数据尽调报告向合作金融机构开放。

(2) 案例成效。截至2023年末，累计为山东省27.7万户农业经营主体提供担保贷款1 705亿元，占全国农担体系的近1/7。公司累计代偿率仅为0.34%，远低于全国1.29%的平均水平，连续4年在全国农担体系风险评估评价中获评A级。

5.8.2 中国建设银行黑龙江省分行

(1) 案例描述。中国建设银行黑龙江省分行联合省农业农村厅、省农业投资集团、哈尔滨工业大学等创新“农业大数据+金融”全新支农服务模式，主动下沉金融服务，通过建设“数字农业”产业服务平台，拓展线上金融服务场景，联通各类涉农生产经营主体，实现信贷、结算、保险、期货、担保、政务等金融服务与农业产业链、供应链的全面融合。汇聚、应用“农业+政务+金融”大数据，构建新型农村金融风控体系。

（2）案例成效。2023 年春耕备耕期间，中国建设银行黑龙江省分行向 13 万农户和 1 800 余家新型农业经营主体投放贷款 270 亿元，有力支持了春耕备耕期间农业生产，保障了粮食安全。自 2018 年以来已累计投放 850 亿元，惠及 55 万户农户和 7 000 余家新型农业经营主体。在国务院第 7 次大督查中，“农业大数据+金融”模式被作为典型案例进行通报表彰，2021 年被农业农村部评为全国 8 大金融支农典型。

5.9 保险案例

5.9.1 中华财险河北分公司“智慧农险客户端”

（1）案例描述。中华财险河北分公司“智慧农险客户端”是一款专为农户设计的数字化农业保险服务平台，旨在通过科技手段提高农业保险的服务质量和效率、提升农户参与度和满意度。该平台集中了农业种植保险、养殖保险、农机具保险、高标准农田保险、农村综合保险等涉农保险产品，实现了农业保险标的全生命周期保障监测、全流程数据监测。提供了农业保险保单全流程展示、灾害预警、风险减量、精准承保理赔、自动续保、农技培训、政策宣传等服务，为农业生产企业（或客户）提供全自动化、可视化的农业保险服务，提升农业生产抗风险能力，达到农业生产丰收、农业保险风险减量的目的。

（2）案例成效。“智慧农险客户端”的成功上线，有效解决了农业保险精准承保、精准理赔的难点。平台的“可视化”不仅让农户“看得见”保险的存在、增强农户对农业保险的信任，而且提升了农业保险的服务质量和效率，也为推动农业保险的现代化和智能化发展树立了标杆。

5.9.2 中华联合财险“保险云鱼塘”项目

（1）案例描述。“保险云鱼塘”项目是中华联合财险与阿里云等深度合作，利用 5G 物联网、区块链等前沿技术，为水产养殖业量身打造的智能风险管理平台。该项目通过为养殖户免费安装智能监测设备，实现了对鱼塘水温、溶氧度、pH 值等关键参数的实时监测和远程监控。养殖户通过手机端小程序即可随时随地查看鱼塘状况，提升了养殖管理的科学性和精准性。该项目还整合了智慧生产、金融服务、产品供销、质量溯源、政府监管、订单农业等多种功能于一体，为渔业生产发展提供了更全面的金融保险服务。

（2）案例成效。“保险云鱼塘”项目不仅为水产养殖户提供了实时、精准的科技支持，还充分发挥了农业保险的“保防救赔”核心功能，推动了水产养殖向“科技养殖”的转变。

5.10 智能市场案例

阳普国和菜市场智慧菜场创建

（1）案例描述。阳普国和菜市场隶属于上海阳普菜市场经营管理有限公司，是一家专营生鲜副食品供应的国有菜市场。2021 年投入 250 余万元，打造成为杨浦区第 1 家智慧菜场，通过提升数字化赋能，推动标准化菜市场提质升级，促进主副食品零售渠道高质量发展。案例主要建设内容包括：

①在市场公共区域放置可视化多媒体大屏，显示今日菜价、食品检测结果、商品销售数据等。建设电子化的市场导视图，内容包括市场介绍和商户查询；关于食品安全的法规和安全提示；菜价/检测信息公示；诚信公示、优秀商户和投诉/点赞。

②定制具备 AI 识别、准秤计量、数据传输、小票溯源、电子支付、防水防腐、安全管理等多种功能的智能电子秤。实践操作中，智能电了秤通过 AI 自动抓取上秤菜品的图像并进行快速识别，能够识别蔬菜、水果、肉类等品类，并且可实现食品来源安全信息的录入、传递、查询等，溯源秤可向消费者打印追溯二维码，凭借小票消费者可以通过终端机查询、手机扫一扫等方式，查询自己所购买商品的来源，检验质量是否合格。

③通过智能摄像头、AI 算法等改造菜场监管运营设备，监控菜场交易与卫生环境。AI 智能监控能够提供熟食“三白”监控预警、占道经营预警、智能消防预警、环境卫生检测等功能。

④开通聚合支付。聚合支付融合了支付宝、微信、花呗、云闪付等多种支付方式，方便消费者进行支付，也解决了商户需要对每个支付工具进行分类对账的问题。

⑤开发“阳普生鲜”线上平台，突破传统菜市场经营模式，实现线上线下运行有机结合。

（2）案例成效。提高了商户和消费者的方便程度，通过大数据搜集，市场管理者能够获得菜价趋势，可以通过适当的干预平抑菜价。

5.11 新业态案例

天津一米田数智共享认养农场

（1）案例描述。采用互联网数智+认养的方式，市民可以认养一块农田，通过手机上的数字农业物联网系统，能够实时了解农田的状态、作物生长情况，并参与到农田管理中，实现远程种菜。认养农场允许消费者根据自己的喜好和需求，选择种植特定的作物，并集合农业体验、文化旅游等内容，为消费者提供了丰富多彩的休闲娱乐活动。

（2）案例成效。数字化认养模式既满足了市民对于健康生活方式的追求，又为传统农业注入了新的活力，推动了农业与科技的深度融合，展现了现代农业的无限可能。

6 数字农业面临的挑战

6.1 成本收益问题

数字农业在推动农业现代化和提高生产效率方面具有显著优势，但在实际应用中，成本与收益问题仍然是其发展面临的重要挑战之一。

数字农业通常需要购置先进的设备（如传感器、无人机、智能灌溉系统等），这些设备的初始投资成本较高，开发和维护农业管理软件、数据分析平台等也需要投入资金，这些成本超出了一般小农户的负担能力。

我国粮食和农产品价格维持在一个比较低的价格区间，数字技术带来的效益提升可能很难快速覆盖成本。对设施养殖等场景来说，由于养殖物价值相对较高，数字技术的应用成本可以接受，且能大幅度降低风险和其他成本，因此他们的数字化水平较高。对大田生产等场景，利润较低，没有一定的规模难以实现成本分摊和收益最大化，也发挥不出数字技术优势，而我国目前是以家庭联产承包责任制为基础，小农化生产方式占比仍较高。随着土地流转的加速，新型规模化经营主体数量快速增加，将为数字农业发展带来更好的基础条件支撑。

6.2 数据安全与隐私问题

数字农业需要采集大量的数据，由于目前缺乏对农业相关数据的安全和隐私问题的标准，可能会带来数据安全和隐私问题。

数字农业依赖于大量的传感器设备采集数据，这些传感器设备很多与互联网连通，同时为了实现低功耗，大多采用计算资源有限的嵌入式控制板，没有很完善的安全保护措施，容易受到攻击，针对嵌入式设备的攻击案例已经出现很多。

农户在使用数字农业技术时，往往需要提供个人信息（如联系方式、地理位置等），如果这些信息未得到妥善处理，可能会侵犯农户的隐私权。现在农业数据面临一个明显问题，即农户、技术供应商、研究机构等实体之间的数据所有权问题常常不明确，造成不同的利益相关者的数据权限混乱，这对确保数据的安全和隐私是一个挑战。另外，许多数字农业解决方案依赖于云服务来存储数据，如果云服务提供商的安全措施不足，可能会导致数据丢失或泄漏。

许多农户可能对数据安全和隐私问题缺乏足够的认识，导致他们在使用数字农业技术时未能采取必要的安全措施。大企业在使用农户数据时，可能会追求自身利益而忽视农户的权益，导致数据剥削和不公平的收益分配。

解决数字农业面临的数据安全与隐私问题，需要政府、企业、农户等各方的共同努力，通过完善政策和法规、提升农户的意识、技术创新等多种途径来缓解当前面临的问题。

6.3　技术采纳问题

欧美国家农业以中大型农场为主，农场管理人员通常具有较高的知识水平，对新技术采纳度较好。而我国目前仍以中小规模经营为主，农业从业人员普遍老龄化，知识层次较低，对新技术采纳度较差。

许多农户缺乏必要的数字技能和技术知识，难以有效使用新技术，这种知识差距也会限制他们对数字农业工具的接受和应用，同时针对农户的培训和教育资源缺乏，农户难以找到合适的渠道学习新技术。

我国农村地区传统观念较保守，农户可能更习惯于传统的农业生产方式，认为传统方法更加可靠，同时较高的前期投资也使农户对数字农业技术的投资回报持怀疑态度，在短期内看不到明显的经济效益时，可能会抵触使用新技术。

目前我国正在大力推进数字乡村建设，其中有一项重要工作就是提升农民数字素养。2021 年 10 月，中央网络安全和信息化委员会印发《提升全民数字素养与技能行动纲要》中将提升农民数字技能作为主要任务与重点工程。提升农村居民数字素养，弥补城乡数字鸿沟，将有效促进数字农业发展

6.4　基础设施建设问题

我国农村地区网络基础设施有较好的基础，根据农业农村部信息中心发布的《中国数字乡村发展报告（2022 年）》公布的数据，截至 2021 年底，全国行政村通宽带比例达到 100%，通光纤、通 4G 比例均超过 99%，基本实现农村城市“同网同速”。5G 加速向农村延伸，截至 2022 年 8 月，全国已累计建成并开通 5G 基站 196.8 万个，5G 网络覆盖所有地级市城区、县城城区和 96% 的乡镇镇区，实现“县县通 5G”。截至 2022 年 6 月，农村网民规模达 2.93 亿，农村互联网普及率达到 58.8%。

农村地区目前在农业生产经营相关的平台和数据基础方面还存在一定欠缺，权威的信息获取渠道较少，使得在品种更替、先进耕种模式普及、生产指导等方面都存在一定的阻碍。

7 未来发展趋势

7.1 无人化农业

无人化农业是指利用自动化、机器人和无人机等技术，尽可能减少或替代农业生产过程中的人工操作，从而提高效率、降低成本、提升产量和可持续性。无人农业的表现形式有无人农场、无人果园、无人温室、无人牧场、无人渔场等。

7.1.1 无人农场

无人农场是在没有任何人进入大田农场的情况下，由设施、装备、作业车辆等进行智能化和全自动控制，用机器代替人工完成大田的耕、种、管、收等业务。其组成部分主要有无人耕作系统、无人水肥系统、无人植保系统、无人收获系统、无人仓储系统等。

2017 年，英国什罗普郡建成了全球首家无人农场，实现了全过程没有人工直接介入的小麦种植，其采用的技术包括无人拖拉机、无人收割机、无人机等，相关装备如图 7-1 所示。

图 7-1 英国什罗普郡无人农场装备

7.1.2 无人果园

无人果园是智能感知、智能分析、智能作业和智能装备技术在果园生产中的集成应用。按照果树生长的过程，整个无人果园生产的流程如图 7-2 所示，涉及无人套袋、无人水肥、无人修剪、无人植保、无人收获、无人分级等系统。

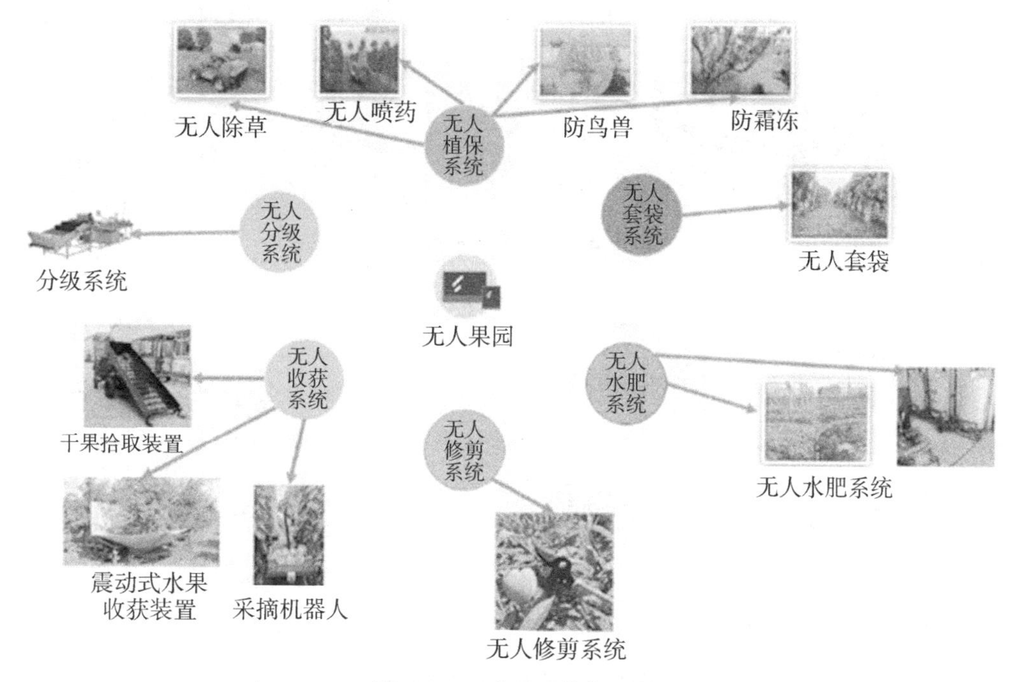

图 7-2 无人果园技术组成

7.1.3 无人温室

无人温室是指温室无人化完成作物播种、育苗、定植、采收、分拣、包装等机械化生产流程，以及温室作物生产监测、环境综合调控、水肥智能管理等的一种全新生产模式。无人温室系统的组成如图 7-3 所示，包括育苗系统、作物长势监测系统、水肥一体化施用系统、温室环境调控系统、自动采摘系统、分拣包装系统、清洗消毒系统等。

7.1.4 无人牧场

无人牧场是无人畜禽圈舍等养殖牧场的统称，是实现畜禽繁育、饲养和疾病防疫等多环节无人化的一种精细养殖模式，其主要组成技术如图 7-4 所示。无人牧场通常利用各种传感器和摄像头，实时监测牲畜的健康状况、行为模式及环境条件，确保养殖环境的安全与舒适；采用自动喂养系统实现对牲畜的日常管理和照料，无须人工干预；使用无人机和自动化机器人进行巡检、粪污清理等操作。

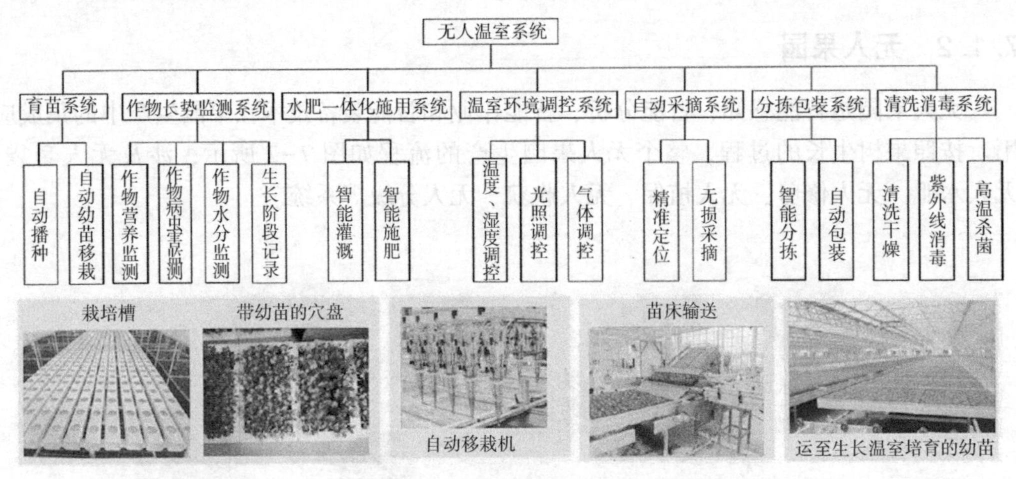

图 7-3　无人温室系统组成

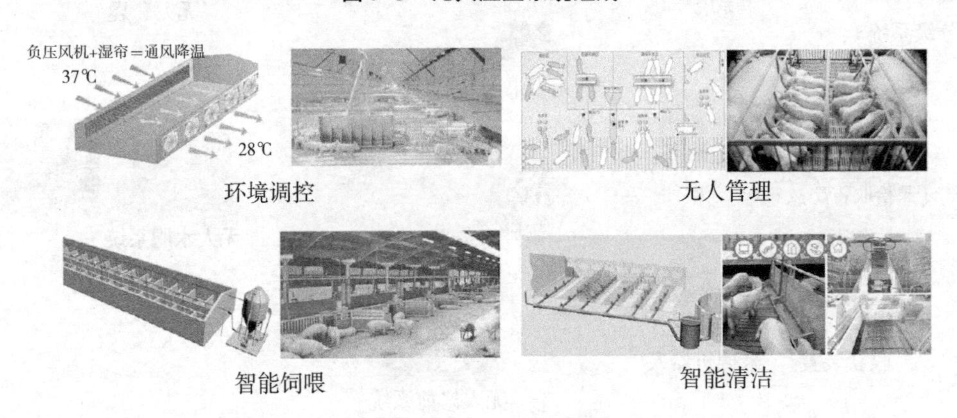

图 7-4　无人牧场技术构成

7.1.5　无人渔场

无人渔场是将现代智能技术与装备应用到水产养殖全过程的现代化渔场，在完全没有人直接参与的情况下，渔场可以自主完成水产养殖全部生产和管理任务，其主要技术组成如图 7-5 所示。

图 7-5　无人渔场技术构成

7.2 工厂化农业

工厂化农业是可控环境农业，是设施农业的高级层次，是在相对可控的环境条件下，以工厂化的生产模式进行农业生产的新型农业，其最终目标是能使农业生产和工业生产一样不受自然环境因素制约，进行自动化的高效生产。

工厂化农业的典型技术形式是植物工厂如图 7-6 所示，1957 年世界上第 1 家植物工厂在北欧丹麦首都哥本哈根郊区诞生，主要生产生吃叶菜。日本目前是工厂化农业技术最发达的国家，目前有近 400 家植物工厂，占全世界 1/2 以上，2023 年，日本全人造光植物工厂的生菜经营市场规模为 210 亿日元。我国科研机构也在关注植物工厂技术，2023 年，中国农业科学院都市农业研究所自主研发的首座 20 层无人化垂直植物工厂在四川成都投入使用，成为当前世界上层数最高的植物工厂。

图 7-6 植物工厂

参考文献

国家统计局，2023. 中国统计年鉴 2023［M］. 北京：中国统计出版社.

国家统计局，2020. 中国人口普查年鉴 2022［M］. 北京：中国统计出版社.

国家统计局，［2016］.12－6 各地区农用塑料薄膜和农药使用量情况（2014 年）［EB/OL］.［2016－09－19］. https：//www. stats. gov. cn/zt _ 18555/ztsj/hjtjzl/2014/202303/t20230303_ 1923993. html.

王儒敬，2024. 农业传感器：研究进展、挑战与展望［J］. 智慧农业（中英文），6（1）：1-17.

张馨，郭瑞，李文龙，等，2015. 可装配式土壤温度传感器设计与试验［J］. 农业工程学报，31（S1）：205-211.

FAO，2024. Inorganic fertilizers（2002－2022）［R］. FAOSTAT Analytical Briefs，90，Rome：FAO.

FAO，2024. Pesticides use and trade（1990-2022）［R］. FAOSTAT Analytical Briefs 89，Rome：FAO.

KUZMA S，BIERKENS M F P，LAKSHMAN S，et al.，2023. Aqueduct 4. 0：updated decision-relevant global water risk indicators［M］. Washington：World Resources Institute.

MCCARTNEY M，REX W，YU W，et al.，2022. Change in global freshwater storage［M］. Colombo：International Water Management Institute（IWMI）.

U. S. Department of Agriculture，2024. 2022 Census of agriculture［R］. Washington：U. S. Department of Agriculture.

YAN B P，ZHANG F，WANG M Y，et al.，2024. Flexible wearable sensors for crop monitoring：a review［J］. Frontiers in Plant Science，15：1406074.

YANG Y，TILMAN D，JIN Z N，et al.，2024. Climate change exacerbates the environmental impacts of agriculture［J］. Science，385（6713）：eadn3747.